可复制的创造力

麻省理工学院创意思维课

[美] 亚力克斯·奥斯本 著

靳婷婷 译

辽宁人民出版社

图书在版编目（CIP）数据

可复制的创造力：麻省理工学院创意思维课/（美）
亚力克斯·奥斯本著；靳婷婷译 . —沈阳：辽宁人民
出版社，2023.5
书名原文：Applied Imagination：Principles and
Procedures of Creative Problem−Solving
ISBN 978−7−205−10730−7

Ⅰ . ①可… Ⅱ . ①亚… ②靳… Ⅲ . ①创造性思维
Ⅳ . ① B804.4

中国国家版本馆 CIP 数据核字（2023）第 037813 号

出版发行：辽宁人民出版社
地址：沈阳市和平区十一纬路 25 号 邮编：110003
电话：024−23284321（邮 购） 024−23284324（发行部）
传真：024−23284191（发行部） 024−23284304（办公室）
http://www.lnpph.com.cn
印 刷：天津旭丰源印刷有限公司
幅面尺寸：145mm × 210mm
印 张：11
字 数：285 千字
出版时间：2023 年 5 月第 1 版
印刷时间：2023 年 5 月第 1 次印刷
责任编辑：祁雪芬
封面设计：今亮后声·郭维维 王非凡
版式设计：新视点工作室
责任校对：吴艳杰
书 号：ISBN 978−7−205−10730−7

定 价：59.80 元

献给

纽约州立大学布法罗分校校长

T. 雷蒙德·麦康纳尔（*T. Raymond McConnell*）博士

能做您的同事，我很幸运

亚力克斯·奥斯本

序　言

　　这本书旨在介绍创造性思维的原理和方法。对这样一本书的需求，早已在教育领域成为共识，因为所有人都同意，有智慧的创造性思维有着举足轻重的意义。

　　这本书的主要内容，旨在介绍如何将我们现有的关于创造性思维的知识利用起来。书中阐释的原则和方法绝非首创，艺术家和科学家等创造性思想家对这些原则以及方法的了解和利用，已有几百年的历史了。

　　若说有所突破，这种突破就在于以正规系统化的方式对创造性想象进行更为充分的利用。这本书的主要功能，就是让学习者在个人生活和职业中更好地理解自己固有的创造力，并将其更充分地应用到个人生活和职业生涯中去。

　　从某种程度上，所有人类都具有想象的功能。这一天赋是否能通过训练来增强，还尚未有定论。重点在于，通过训练，学生们可以对与生俱来的天赋进行更有效的利用。掌握任何学科所要遵循的原则，也都同样适用于这种训练。顺便提一句，创造性想象本身就是获取知识的一种基本工具，因为，通过充满想象力的糅合和积极延伸，知识的可用性也会随之增强。

从本质而言，文明的历史就是一份人类创造力的文献。想象力是人类活动的基石，毫无疑问，想象力就是人类这种动物得以生存延续的原因，它让人类这个物种得以征服世界，也很可能会推动人类争霸于寰宇。近期出现的对于原子能的利用，就是一项人类想象力跨越近乎不可逾越的障碍后获得的伟大胜利。注重将技术科学和纯科学不断糅合的现代社会，理所当然地将想象力作为其生命之源。有智慧的思考等同于有创造力的思考，这也就不言自明了。

一家学术权威机构曾经提出过这样一个问题："人们或许能学到很多关于创造力的知识，但他们真的会因此让自己变得更有创意吗？"对于那些创意领域的专业人士而言，这个问题的答案是一句确凿无疑的"对"。在具体思维技巧的开发上，训练的价值是不言自明的。举例来说，连续 20 天、每天练习 20 分钟心算的成年人，运算能力可增长一倍多。数学或许要比创造力更容易传授，但很明显，想象力是可以通过练习来提高的——起码足以证明，学习者为此付出的时间是值得的。

针对创造力所进行的最为深刻的研究，是一项由联邦政府资助、由乔伊·保罗·吉尔福德（J. P. Guilford）博士主持的项目，该研究在过去四年间于南加州大学进行。在最近的研究结果总结中，吉尔福德博士给出了这样的结论：

"与绝大多数行为一样，创造力在某种程度上代表了许多可以后天习得的技能。这些技能可能会受到遗传因素的限制，但我坚信，通过学习，人们在所限范围内还是可以对技能进行拓展。最起码，我们也能够移除掉那些挡在路中间的常见障碍。"

其中的障碍之一，便是学生们对每个人都具备创意潜能这一事实浑然不知。其他的障碍还包括对创造力如何发挥作用缺乏理解，以及意识不到每个人都可以避免创造力流失，且能采取许多措施丰富自己的创意。

创意是否因"太过抽象"而无法传授呢？毫无疑问，这门学科可作为"系统知识"被归于科学较为广义的定义下——而不适用于"数字系统知识"这一狭义定义。作为一门艺术，实用想象力与音乐、绘画、写作、演讲、哲学、伦理学、宗教等许多高校提供的学科一样具有相同的经验主义特征，这也是理所当然的。

"我们有足够教授的实质性内容吗？"诚然，我们对创造力知之甚少；但是，学习者们为什么不能去深入那些已知的内容呢？从一定程度而言，我们对感冒、癌症和小儿麻痹症也仍是一知半解，然而，这些疾病却并未被排除在医疗教育之外。

关于创造性想象的已知事实和假设理论提供了大量可教授的实质性内容。其中包含的原理非常清晰。有些技术虽然不甚精准，也仍然可行。但是，比这些教学素材更重要的，是无穷无尽的主观内容。当一个学生被"带引着"认识到自己的创造力时，他会发现，自己的头脑原来是一泓不断延伸的自我表达之泉。

哈里·艾伦·奥弗斯特里特（Harry Allen Overstreet）教授说："让我们假设人人都拥有创造力，而且一些刺激和训练创造力的方法能够让创造力从其蛰伏状态中爆发。这样一来，教育将得到革命性的颠覆。其重点将被放到激发和培养发明创造力之上。总体来说，一个因发明创造力而欣欣向荣的社会，将会是最为强大而进步的社会。"

虽然不能指望教育可以使我们的头脑做好迎接未来所有需求的准备，但智识的积累会让我们有能力更好地与自己和他人相处。没有什么比有针对性的想象力更能点亮我们的生活。相应地，创意教育也有助于弥补那些曾经促使我们开发想象力的环境因素的缺失。由此，这种教育有助于维护美国的生机。而我们的命运，或许就要取决于这场教育和创造力之间的竞赛。

保罗·伊顿（Paul Eaton）博士表示："我们这些教育工作者所面临的挑战，就是开发独创性、主动性以及聪明才智。当我们意识到，美国的经济霸主地位或许很快就会取决于公民的创造能力而不是曾经拥有的丰富自然资源时，这一挑战就变得更加紧迫了。"

开展创意实验课程的经验使我坚信，课程学习应该服务于问题的解决，这样，学生们就能在实践中进行学习。出于这个原因，这本书的每一章节都会附带一套推荐的"练习"和"讨论话题"。虽然这二者有助于课程学习，但在课堂内外布置的练习则可能让学习者获益更多。

若对通过各种方式帮助这本书得以付梓出版的诸多人士——表达深刻感激，需要占据太多的篇幅。虽然如此，我仍想在此特别感谢《读者文摘》的编辑兼出版人德威特·华莱士（DeWitt Wallace），14 年前，是他点燃了我对创意的浓厚兴趣；感谢我 34 年来的搭档布鲁斯·巴顿（Bruce Barton），是他的努力，让我对这个主题有了更加清晰的认识；还有雪城大学的哈利·W. 赫普纳（Harry W. Hepner）博士，感谢他对这本书以及附带的《使用手册》的准备工作给予了指导。

亚力克斯·奥斯本

目 录
Contents

第一章

第一节
想象力的重大意义

想象力是人类智慧的原动力，长久以来，这一点都被最伟大的思想家们所认可。他们一致赞同莎翁所下的结论，认为是这闪神圣的灵感火花，使得人类成为"万物的灵长" ① 。

文明本身就是创造性思维的产物。至于创意在人类进步历程中的意义，英国诗人约翰·梅斯菲尔德（John Masefield）曾写道："人身有缺陷，人心不可信，但人的想象力却造就其不凡。几个世纪以来，人类在这个星球上的生活，逐渐成为一项调动所有分外美好的能量所进行的生机勃勃的事业，而这，正是想象力所造就的。"

詹姆斯·哈维·罗宾逊（James Harvey Robinson）博士则更进一步地指出："若不是因为那些进程缓慢、步履维艰且不断受阻的创意上的努力，那么人类至今仍无异于一群靠种子、水果、根茎和未经烹煮的生肉过活的灵长类动物。"

对于诸如使用火这样至关重要的发现，我们到底该为谁人立碑致敬，永远也无人知晓。除了火之外，同样诞生于石器时代的轮子也是创造力的重大成就之一。

---

① 语出莎士比亚代表作之一《哈姆雷特》第二幕第二场中的一段独白。——译者注

公元 1000 年前，轮子主要用于战车配件。在此之后，有人想到将轮子作为水车使用，从而节省身体的负荷。当征服者威廉（William the Conqueror）占领英格兰时，这个弹丸之国竟有超过 5000 座磨坊是由水力驱动的。

维克多·瓦格纳（Victor Wagner）曾经说过："是想象力，让人类通过发明虎钳来延伸拇指的功能，通过发明锤子来增强拳头和手臂的力量。就这样，想象力一步步地诱惑、引导或推动人类，让他登上那难以置信而令人敬畏的力量之巅。"

一位耶鲁教授曾经估算，由于人类发明创造了机器，当今一个普通人可用的劳动力，要等同于 120 名奴隶的人力之和。

这样的进步是能够延续下去的，查尔斯·富兰克林·凯特林（Charles F. Kettering）就对此深信不疑："每当从日历上撕下一页的时候，你就为新的创意和进步提供了一片新天地。"

第二节
想象造就了美国

直到大约 500 年前，欧洲才开始将思维的力量——尤其是创造性思维的力量——与蛮力相提并论。曾为文艺复兴注入活力的，正是这种全新的心态。

北美幸运地成为这股全球创造力热潮的受益者。正如《纽约客》杂志所写："美国是由创意铸就的。"毋庸置疑，是创造性的思维，让我们的生活水准达到了新的高度。

美国从英国承袭来的一个新的创意，就是利用内燃机点火。而这，也催生了美国的汽车工业，少了这一工业，美国人的生活水准就远达不到今天的水平。因为，仅仅汽车这一项行业，就为超过 700 万的美国人提供了有偿岗位。而传统农业的就业人数却仅有 985.5 万，其中包括了农户和雇工。

农业领域的创意使得美国本已肥沃的土地变得更加丰饶。"麦考密克"① 们和 "迪尔"② 们在农业机械中倾注的创意天才，已经使得每位农场工人的食物产量比之前有了大幅提高。美国建国初期，19 位农民才能养活 1 位城市居民。而今，19 位农民所生产的食物不仅能够自给自足，还能再养活 66 个人。

然而，想象力的价值在美国得到充分认可，也不过是最近的事。几年前，克莱斯勒汽车公司（Chrysler Corporation）开始将想象力誉为 "照亮明日之路，探索今日以寻觅未来方向，追寻生活的旅行更好方式" 的 "指导力量"。美国铝业公司（Aluminum Company）也在不久前采用了 "幻想工程" 这一新造的词语，意为 "任想象力驰骋，然后通过设计制造将之落到实处。想一想你曾经制造过的产品，然后看看是否能通过某种途径使之得到大幅改善，以至于客户绝不会再要求你继续生产这些产品。"

就这样，竞争迫使美国企业意识到，有意为之的创意工作是举足轻重的。几乎每一家成功的制造公司的核心，都愈发朝其创意研究偏重。在过去，除了找出诱发因素和原理而对事物进行拆解分析

① 指美国味可美食品公司创始人威洛比·M. 麦考密克（1864—1932），他于 1889 年在马里兰州的巴尔的摩创立公司。——译者注

② 指美国从事工程农业机械生产的约翰迪尔公司的创始人约翰·迪尔（1804—1886），他于 1837 年在伊利诺伊州的莫林创立公司。——译者注

之外，工业研究几乎没有什么效用。而除了单纯对事实的挖掘，新的研究又得出了这样一个明确而具体的功能：探索新事实、得出新组合、寻找新应用。多亏了像詹姆斯·布莱恩特·科南特（James B. Conant）博士这样的思考者，人们对想象力于科学重大作用的认知才能达到现在这样前所未有的高度。

第三节
公共问题需要创意

但可惜的是，美国最新出现也最为急迫的问题属于人际范畴，并不是通过改善事物就能有效解决的。其中最为严峻的，便是美国在国际上陷入的僵局。美国人对此进行了大量的研究，但却只是通过搜集信息和作出诊断这种无甚效果的形式。想要找出能够解决全球人际问题的有效新方法，根本没有人像通过科学研究改善产品那样去挖掘有的放矢的创造性工作。

谈及美国在搜寻信息上不遗余力、而在将创意性思维应用到已发现的事实上却虎头蛇尾的习惯时，一位愤世嫉俗的参议员表示："我们只会探索和谴责，除此之外什么也不做。"与新闻工作者大卫·劳伦斯（David Lawrence）讨论这个问题的时候，他这样说：

"1933 年，我在华盛顿亲眼看到了国会议员、政府官员、编辑和专栏作家收到的数千封来信，这些信全都是探讨美国所遇到的问题的。有趣的是：虽然对分析的结果没有达成一致意见，但所有的文字工作者都花时间对导致问题的原因进行了非常明智的分析。然而，一旦分析完毕后，他们的精力却似乎全部耗尽。迫切需要的创意灵感如此匮乏，真是令人遗憾。"

洛克菲勒基金会总裁雷蒙德·福斯迪克（Raymond Fosdick）表示："这个时代的根本问题，就是我们能否培养出足够可靠的理解和智慧，作为解决人际关系问题的图表。"他建议进行更多的研究。毫无疑问，我们的确应该进行更多科学研究，从而使得公共问题更加明晰。但如果不通过创意进行实施，只靠调查是无法得出解决方案的。如果美国科学家的思考没有超越事实和已知技术，那么美国的原子研究便注定要以失败收场。正是他们架构出的新技术以及想象出的无数假设，才使得原子之谜得以揭开。

第四节
社区问题

每一个社区都迫切需要注入更多的创造性思维。数十个市政问题都在苦苦求索创意——城市规划和交通安全等问题就包含其中。

建筑师罗伯特·摩西（Robert Moses）在纽约彰显了想象力的作用。就算说他是世界上技术最高超的伟大建筑师，那么他在技术上为纽约大都会地区所作的贡献，也不及其创造力进行城市规划所获成果的一半。

同样，地产大亨威廉·泽肯多夫（William Zeckendorf）也为纽约市倾注了许多创意。他的一些头脑风暴的结果或许永远也无法成为现实，比如在曼哈顿市中心划定一座城中城，覆盖一片面积等同于整个拉瓜迪亚机场的屋顶。他也构想出了一座全新的梦想之城，这座城市已在下东区建成，为联合国的众多人员提供住所。小约翰·D. 洛克菲勒（John D. Rockefeller, Jr.）对泽肯多夫的这一构想非常看好，特地投入了 2600 万美元资金购置土地。

在交通问题上，创意可以挽救生命。在预防交通事故伤亡方面，我的家乡布法罗常被国家安全委员会评为所有大城市中做得最好或接近最好的。这样的成绩，主要归功于本地安全机构的义务负责人的创意，这是一位名叫韦德·斯蒂文森（Wade Stevenson）的制造商。他的一个新想法，就是以夸张的手法对安全驾驶这一美德进行宣传。警察们不再分发传票，而是选择送花。一天晚上，巡警威廉·柯林斯（William Collins）和詹姆斯·凯利（James Kelly）将 25 名女司机叫到路旁，称赞她们开车小心谨慎，并将新鲜的兰花亲手送给了她们。

要使民主发挥应有的作用，投票制便是必不可少的。密歇根州的庞蒂亚克就在此领域采取了一种新的创意：在选举日投票开始后，这座城市所有教堂每小时都会同时敲响钟声。

第五节
美国国内问题

美国国内环境下的几乎所有领域都在迫切寻求改善，而问题的关键十有八九都在于更多且更好的创造性思维。我们以劳动力和资本这个棘手的问题为例。美国参议员艾尔文·艾夫斯（Irving Ives）表示："目前问题还尚未找到解决方案，但是，在美国劳动问题上，如果我们用在创意上的精力能有搜索信息的一半，那么，我们花在为混乱的工业厘清秩序的时间便会节省数年。"

如果你任职劳工部长，那么你会不会想要拥有一支属于自己的创意小组，他们除了想出新的创意以外没有任何其他的职责——而你则要对这些新的想法进行判断、采纳、调整或按需组合？

一些美国的敌人希望这个国家会因财政崩溃而垮台，因此，税收问题也就至关重要。美国为何长期以来一直在一个个权宜之计之间跳来跳去，却不构建一个长期而健全的税收计划呢？

在美国的国家问题上，我们需要来自最富创造力的人才最优秀的创意。他们中的一些人偶尔会被华盛顿政府邀来帮忙，在战时尤为如此。第一次世界大战期间，托马斯·爱迪生（Thomas Edison）被召到华盛顿，不是为了用他的科学知识作贡献，而是想办法拯救农民：从本质上来说，正是他所提出的计划，演变成为后期的"常备平准仓"①。

在和平时期，华盛顿政府为什么很少对富有创造力的公民加以利用呢？其中一个原因，就是政府对这些人的决断能力的要求太高了——对此领域没有较深认识的人，是无法在短时间内具备这种能力的。为什么不让这些有创意的人只执行创造性的工作呢？为什么不把每个问题拆分开来，让一组有经验的专家负责信息收集和作出决断，而让创意顾问们只专注于不断提出想法呢？

---

① 指美联邦政府为调节粮价或应荒年之需而对剩余农产品进行收购。

第六节
国际营销术

无论我们能够想出多少好主意来解决本地和国家的问题，如果没有足够的创意来切断国际关系上的绳结，我们仍可能会迷失方向。一个巨大的挑战，就是如何让美国迎合世界其他地区的喜好。

美国人的聪明智慧，对我们在上一场战争[①]中的取胜立下汗马功劳，但在此后的冷战期间，苏联的巧思却"火力十足"，足以在欧洲将美国节节击溃。记者欧内斯特·豪泽（Ernest Hauser）表示："创意需要与创意对垒……在欧洲与苏联一争高下的过程中，我们竟连'意识'这一武器都没动用。"

如果记者德鲁·皮尔森（Drew Pearson）依靠立法者和官僚来资助他的"友谊列车"[②]，那么这个想法就很可能会胎死腹中。但他一意孤行、几乎只凭一己之力让人们看到，美国人民如何在慷慨解囊的同时，让国外收礼方认识到送礼人的豪爽，并对赠礼心怀感恩。

敦刻尔克计划的构想[③]，也是一个让我们大受鼓舞的案例。记者迈耶·伯杰（Meyer Berger）写道："这迟来的奇迹，起于这座在风

---

① 本书出版于 1953 年，因此此处的战争应指第二次世界大战。
② 1947 年，这辆"友谊列车"从美国捐赠者那里搜集食品，列车从加州启程，一路开至纽约，并通过船运将食品送到法国和意大利人民手中。
③ 指纽约州的敦刻尔克市。1946 年，这座城市应对其同名姐妹城市——在二战中被摧毁的法国敦刻尔克市进行人道主义援助而得到国际认可。这一活动，也成为美国各地类似救援活动的典范。

暴频起的伊利湖上被烟熏黑的城市，并以惊人的速度传播到整个美国。纽约州的敦刻尔克与法国的敦刻尔克形成了形同姐妹城市的关系，这里为数不多的居民，与北海岸边法国敦刻尔克为数不多的居民之间，建立起亲密无间的情谊。不知怎的，看到这段姐妹关系，来自其他州的美国人民也觉得心中充满暖意和真诚，并开始竞相模仿起来。"

美国联邦政府理应对针对敦刻尔克计划采取行动——并非完全接管，而是通过赞助。在战争期间，华盛顿政府采取正确行动，协助全国各地组织了志愿者战争公债销售活动。同样地，美国政府也应为这样的一场活动提供助力，如果这一活动能在全美得到复制，那么在欧洲所建立的友谊，就要比毫无温情地从国库中抽出几十亿美元所买来的友谊更多。

"友谊列车"和敦刻尔克的奇迹等创意都是我们所需的，但新的创意也应该层出不穷。比如说，为什么不让那些归化入籍的美国人给他们在欧洲的家人写信，告诉他们美国的真实情况？在1948年的选举期间，数百万美国公民将这一构想付诸实践，阻止意大利向莫斯科屈服。

德鲁·皮尔森表示："最会通过信件煽动情绪的人，非纽约意大利裔报刊出版人格内洛索·波普（Generoso Pope）莫属，他在美国各地的意大利裔美国人中组织了写信俱乐部和委员会。据他估计，光是写给意大利人的信件就有200万封之多——给铁幕封锁下的国家写信也同样有效——美国公民们可以通过多种方式积极投身增进美国与他国友谊的事业，从而自动自发地加入人民的和平军中。"

为什么不像我们在第二次世界大战中一样，向外行人寻求关于冷战的建议呢？美国发明家委员会曾在1942—1945年间提出了20

万个创意——其中许多乍看上去显得"荒诞无理",但从总体来看,正是这些创意推动了美国军队加速获得胜利。

抑或,为什么不在美国国务院设立一支由创意人才组成的团队,只设立一个职能——就如何赢得世界各国的友谊提出更多新的建议?这支小组可以用整周的时间坐在一起,将各种选项积累起来。然后,一个由训练有素的政治家组成的委员会,可以从本周的成果中挑拣几个他们认为最有可能成功的想法。我们需要以诸如此类的方式,在解决美国国际问题的过程中调动更多的创造力。我们需要更大的勇气,就像在武装冲突中一样,在进行令人信服的构思时,我们也需要动用胆识。

第七节
国际政治手腕

比美国的国际营销更需要创造性思维的,是国际政治手腕。美国在战争的准备上花费了数十亿美元和海量的想象力。但我们在避免战争方面又采取了什么措施呢?我们是要放任自己成为受害者,还是选择构想出能够"塑造环境"的行动?如果武装部队尚且需要一名参谋来制定军事战略,难道我们就不需要一支创意团队来规划我们的和平之策吗?

"不可否认,"大卫·劳伦斯评论道,"我们为美国国际问题进行了大量的研究,但研究的主要形式是搜集信息和诊断问题。为得到能够指导美国国际政策的既新又好的策略而有意提出的创意,真是少之又少——相比于工业家为改善产品所付出的努力相比，可以算作微不足道。"

使徒保罗在《哥林多前书》中说，"废除存在的事物"的关键，就是寻找"尚未存在的事物"。国与国之间的摩擦就是"存在的事物"，而"尚未存在的事物"则是尚未产生的想法——也就是或许会促成国际合作的新构想。

这些想法需要用到非常规的思维——正确的想法往往恰与显而易见的事实背道而驰。法国提出的解决德国问题的建议就是其中一个例子。墨守成规的行动应是将所有德国人拒之门外，但法国却将大批前纳粹分子请入国门，在三色旗下共同生活。

如果你身任美国国务卿且马上就要访问莫斯科，难道你不想让一支由战略家组成的智囊团什么也不做、只负责想出 100 个你可能在那里采取的行动吗？假设在此之后，作为国务卿的你要在同事们的帮助下对这 100 个想法作出判断权衡。你或许会在第一次筛选中将其中的 50 个划掉，三思之后，你又淘汰了 30 个，但你仍留下了 20 个主意。你可以对这些想法——甚至一些已经淘汰的想法——进行组合，糅成 5 个更好的想法。这样一来，你就可以带着 25 个大有前景的选项即 25 个建设性建议展示给欧洲的政治家们了。

当然，这样一个战略委员会应当由既有高度创造力同时也精通国际事务的人来组成。就算我们只从这个团队一年的工作成果中提取出一个有价值的建议，其成本与一颗原子弹相比也仍是九牛一毛。

讨 论 话 题

1. 约翰·梅斯菲尔德曾写道："人身有缺陷，人心不可信，但人的想象力却造就其不凡。"你对这句话的正确性有什么看法？请讨论。

2. 构成汽车工业的发明有哪些？请讨论。

3. 有哪些社区问题是需要用创造性思维来解决的？请讨论。

4. 美国人均粮食产量得到了多大程度的增长，背后的原因是什么？

5. 在现在烦扰着你的个人问题中，哪个问题最需要通过创造性思维来解决？

练 习

1. 你能为市中心停车问题想出什么解决方案？

2. 你能想出哪些鼓励司机安全驾驶的办法？

3. 你能想出哪些鼓励更多公民参与民意调查的方式？

4. 说出一块普通砖所有可能的用途（此练习由乔伊·保罗·吉尔福德博士提供）。

第二章

第一节
科学中的创造力不可或缺

在一所大学的开学典礼上，我遇到了詹姆斯·布莱恩特·柯南特博士。在感谢他写作了《理解科学》一书后，我告诉他："您对创造性想象力在科学中所扮演的角色的强调，让我感受颇深。"

他不假思索地回答道："科学的精髓就在于此。"当然，他的这句话中有夸张成分。但根据他的判断，创造力对于科学成就不可或缺。

当我事后将柯南特博士的话转述给一位年轻的工程博士时，他表示："我刚刚才开始意识到这句话有多么在理。在我整个本科和研究生阶段，只有一位教授跟我们讨论过科学的创意层面，而且还是在课程之外讨论的。"

科学通常被定义为"分类知识"。但这些知识是从哪里来的呢？除了人类的直觉——想出无数的备用选项，除了构想出新的途径和工具来验证自己的猜测，还能来自哪呢？这种测试的基础仍是一个反复试错的过程，但这种过程现在已被人冠以科学实验之名，事实也确实如此，因为这一过程是有序且可控的。

托马斯·珀西·南尼（T. Percy Nunn）博士曾经大力主张，要将"把科学看作大量真理集合的静态概念"转变为"把科学视为一种定向追求的动态概念"。根据他的说法，"科学是一个创造性的过程"。柯南特博士也对此持相同意见："新的概念不断通过实验和观察发展而来，并引出进一步的实验和观察，这一部分积累起来的知识，就是科学。"

在科学萌芽之前，迷信形式的想象力孕育并延续了许多错误的信仰。这些谬论的破除，便是伽利略和其他早期科学家的第一次胜利。随着科学在 17、18、19 世纪的大步前进以及在 20 世纪更迅速的发展，科学技术也就自然而然地得到了盛誉。

第二节
组织性研究的精髓

尽管因其辉煌发明而熠熠生辉，但除了航海术的进步之外，17 世纪几乎没有创造出任何对人类有实际意义的东西。柯南特博士表示："首批科学家对科学进步带来的现实意义满怀信心，但真正有现实意义的发明，我们直到 19 世纪才得以目睹。"

按照数学家和哲学家阿尔弗雷德·诺斯·怀特黑德（Alfred North Whitehead）的说法："19 世纪最伟大的发明，就是发明方法的问世。这是真正的创新，打破了旧文明的根基。"

我们今天所知的组织性研究，始于 1902 年杜邦公司的第一家正式研究实验室在美国成立之时，并在 1920 年之后出现了巨大的上升趋势。1920 年，全美约有 300 家工业研究实验室，而到了 1950 年，这样的实验室已上升到 2845 家，工作人员超过 16.5 万，每年耗资逾10 亿美元。

总体而言，科学研究分为两种：一种是具体的，另一种则是基础的。通用磨坊的詹姆斯·贝尔（James Bell）表示："具体研究项目的目标，就是对既有产品和服务进行持续改进，以不断降低的成本创造新产品和服务。"新产品研究方面的佼佼者，或许非杜邦公司莫属。这家公司现有产品中的一多半，在 25 年前还从未有人想到过。

同时，杜邦公司也在越来越多地进行基础研究，这种研究，是查尔斯·斯泰恩（Charles Stine）博士于 1927 年创立的。根据博尔顿（Bolton）博士的说法，其目的"是在不考虑直接商业用途的情况下确立或发现新的科学事实"。具体或实践研究需要想象力，但基础研究领域的科学家需要的创造力则更多。引用生物学家亚历克西·卡雷尔（Alexis Carrel）的说法，这些人的大脑"必须追求那不可能和不可知之物"。

通往任何研究项目的道路，都必须用创意铺就。就如研究主任 W. B. 韦根（W. B. Wiegand）所说，一种"充满想象力的新方法"是不可或缺的。研究伊始，人们就必须对问题进行大量的"假设性尝试"。

绝大多数最为精彩的研究，都是从当时看似疯狂的想法开始的。化学家路易斯·巴斯德（Louis Pasteur）就善于在这种创意过程中天马行空。他的助理已经学会带着兴致勃勃的态度去聆听他那异想天开的奇思。"换做另一个人，或许会觉得他的领导完全疯了。"美国微生物学家保罗·德·克鲁伊夫（Paul de Kruif）博士这样说。

在美国，杰出的开拓者也同样因其开创科学探索时的大胆想法而闻名。通用汽车的查尔斯·凯特林博士想寻求一种可以持续惊人里程数的汽油，最终找到了一种抗爆燃料——乙基汽油①。杜邦的斯泰

---

① 现代科学证明，此汽油中含有的四乙基铅含有有毒重金属，并且是一种神经毒素。

恩博士想要知道如果分子按线而非成簇排列会发生什么；而尼龙，就是从这个"疯狂"的想法中诞生的。

爱德华·古德里奇·艾奇逊（Edward Goodrich Acheson）博士定下了高远的目标，并开创了一个伟大的产业。他最初的想法是寻找钻石粉。他有一种预感，相比金刚砂、刚玉和石榴石这些天然磨料，人类能够制造出更加坚硬、锋利且切割速度最快的磨料。他知道，碳是制作钢铁时所用的硬化剂，而且，晶体状态的碳是已知最坚硬的物质。因此，他便开始通过在高温下用碳浸泡黏土的方式进行实验。

第一次检查熔融泥料时，艾奇逊博士大失所望。尽管如此，他那专业的眼光却发现了一些闪闪发光的微小晶体——这是人类从未见过的晶体。他将晶体收集在铅笔笔尖上，然后划过一块玻璃的表面。这些晶体在切割玻璃时就如钻石一般锋利。这种新物质最初的几小批供货，被宝石切割者以约每公斤1940美元的价格一抢而空。他们发现，这种物质和每公斤约3300美元的钻石粉一样有效。碳化硅就这样应运而生了。

绝大多数的科学进步并非取决于一个创意，而是取决于一开始就要从中进行筛选的许多假设。W. B. 韦根表示："数以百计的新创意将会从初期的会谈中产生。从这些创意中，或许会有一种或两种新方法脱颖而出。许多因素都取决于这些新方法的可靠性和原创性。"也就是说，想象力必须为科学知识提供跳板。

第三节
实验中的想象力

目标在想象过程中得以确立。接下来要做的，便是以实验的形式有的放矢了，同样，这个环节中的每一回合都需要想象力。一方面来说，我们可以通过许多不同的方法进行实验，且往往还要想出某个闻所未闻的新方法。

为了激发实验中所需的创造性思维，拉法耶特学院的机械工程教授保罗·伊顿（Paul Eaton）博士曾建议科学教师"通过实验来确定问题的分类，将仅通过公式置换完成的'墨守成规'的方式摒弃。学生们应该有自由去挑选自己的道路"。

早期的科学家们不仅要构想出方法，还要发明自己的装置。意大利物理学家路易·伽尔瓦尼（Louis Galvani）因青蛙尸体出现痉挛而初识电力，在此之后，亚力山德罗·伏特（Alessandro Volta）在1790年发明了一台能够更好地检测出微量电荷的新仪器。通过这台仪器，伏特发现自己不必再借助青蛙腿，而是可以通过几乎任何潮湿的材料进行实验。于是，仅仅为了进行实验这一个目的，伏特就必须发明出电池来。

今天的实验要科学严谨许多，这是因为新的设备已将猜测因素排除在外——特别是通过测量。"不仅如此"，詹姆斯·布莱恩特·柯南特博士表示，"新的测量精准度常常会将未经怀疑的事实暴露出来，虽然并非总能这样。主要借助这些新设备，当今的研究就已经可以进行对照实验了。"柯南特博士表示："从本质上而言，这种实验就意味着对温度、压力、光以及如少量空气和水等其他物质中存在的相关变量进行控制。"

对于创造性研究者而言，联想的力量必须在每一步上都发挥作用。"此"会牵出"彼"，而"彼"又会引出别的因素。柯南特博士说："新的概念是从实验和观察中得出的，而这些新的概念反过来又引出了更进一步的实验和观察。"正是沿着这条蜿蜒小径，我们的科学家们终于找到了他们苦苦求索的新发现。

实验永远也不可能是这样一台机器，塞进一枚硬币就能得到一张写着工工整整答案的卡片。艾略特·邓拉普·史密斯（Elliott Dunlap Smith）认为，任何诸如此类对于理念的盲从，对科学家而言都是一种阻碍。他仔细回溯了衍生出典型发明创造的步骤，并得出结论："得出解决方案的发明创造行为，根本就不是遵从逻辑的科学思维的产物。如果发明者不愿放松按部就班的逻辑科学程序，就必定一事无成。"

光学是一门最为严苛的科学。在为加州的帕洛玛山打造口径5米的天文望远镜时，康宁公司的研究人员可以通过计算，毫厘不差地得出这一前所未有的产品所需玻璃的成分。尽管如此，这个项目一开始便遭遇了挫折——巨大的镜片在冷却过程中破裂。谁知，一个简单的创意便解决了这个问题。工作人员又铸出了一面背后有深深凹痕的镜片，以此减少厚度，让炙热的熔融玻璃在不破裂的条件下凝固。

与其说这个难题的解决方案"符合科学"，不如说是灵光一闪。几年之后，当人们准备好通过这面镜片窥视太空的时候，科学家们又对如何清理镜片一筹莫展。结果，通过使用一种绵羊油头发营养液，这个问题便迎刃而解了！

第四节
科学实验中的想象力

创造性的研究中充满了诸如"这样做怎么样""如果那样呢""还有什么方法"等问题。最后出现的，是诸如"能行吗""能商业化生产吗"等问题。对于最后的问题，科技已经创造出了许多方法，通过试点工厂和类似技术来给出解答。比如说，制造尼龙的每一个步骤以及使用的机械，都是在中试车间拟定出来的——这一过程进行得如此彻底，以至于除了尺寸之外，第一家商业工厂在尼龙的各个方面都遵循了实验工厂的规格，直接开足马力进行了大批量生产。

汽车公司已经打造出了大型研发基地来检测其研究实验室的发明成果。克莱斯勒公司更进一步，对大型实验车队进行道路测试，以此对其工程师的创意产物一探究竟。

克莱斯勒公司表示："这些汽车的轨迹覆盖了高耸寒冷的山脉、大城市熙攘的车流和开放的高速公路，还有偏僻的土路和蜿蜒的旅游路线。每一天，关于每辆车当天表现的报告都会被送回底特律。今天报来的数据，或许会鞭策设计师和工程师在翌日埋头苦干，从而为我们的汽车带来更多的改善。因此，即便是道路测试这样务实的工作，我们也会运用到创造性想象力。"

50 多年前，百路驰（B. F. Goodrich）轮胎公司首创了一款无内胎轮胎。大约 30 年后，这家公司试用了一款直接焊接在钢圈上的无内胎轮胎。无内胎轮胎的概念一直被搁置到第二次世界大战，当时，美军要求生产一种即便在漏气情况下仍能负重行进至少 120 公里的轮胎。百路驰为响应这一需求而开发出的军用轮胎，是世界上第一款成功的无内胎轮胎。他们对轮胎不断进行改进，直到科学实验和科学控制的道路测试证明轮胎可用为止。但即便做到这一步也还不算万全。在进行全国范围的供货之前，这款全新的无内胎轮胎又被安装于许多私家车、出租车车队和警车上，在用户实际试用中加以检验。

想要构想出最好的测试方法，创造性想象力便是不可或缺的。负责证明的科学家们必须要做的，不仅仅是简单地回答"能行吗"这个问题。毫无疑问，其判断力和分析能力也发挥了作用。但他们不能止步于"这行不通"，即便补充说明原因也不行。他们的挑战，是协助提出"如果"和"还有什么方法"之类的问题，从而解决测试所暴露出来的问题。

在每一个科研项目中，创造性想象力从始至终都扮演着不可或缺的角色。

讨论话题

1. 詹姆斯·布莱恩特·柯南特博士对于想象力在科学研究中的重要性作何评价？原因是什么？

2. 区分具体研究和基础研究，并举出例子。

3. 从一个创造性的视角来看，19世纪和17世纪有哪些主要的不同？

4. 根据阿尔弗雷德·诺斯·怀特黑德的说法，什么才是"19世纪最伟大的发明"？你同意吗？如不同意，又是为什么呢？

5. 你认为艺术中的想象过程与科学中的想象过程一样吗？原因是什么呢？

练习

1. 观察一把简单的螺丝刀（或金属刀片、木质手柄）。将人们为使螺丝刀变得更加好用而进行的所有有效改善写下来，并提出3个可以进一步改进之处。

2. 你刚刚发明了1种新的早餐食品。在公开发售之前，列出6种可用的测试方法。

3. 每个人都有自己尤其不能忍受的东西。列举出3项最招你烦的东西，并就如何缓解厌烦情绪提出创造性建议。

4. 作为美国象征的鹰，因其带有掠夺性的寓意而被人抨击。你会推荐除鹰之外的哪3种鸟兽呢？为什么？

5. 设想并列举在今后两三年中最可能公布的汽车性能上的改进。

第三章

第一节
事业在很大程度上取决于创造力

无论你是在寻找工作，还是力图在某项业务上一马当先，想象力都是成功的关键。

在求索工作时，也应该努力求索灵感。话虽如此，一位知名的雇主却表示："根据我的经验，在 500 个应聘者中，没有一个会在求职时用到任何想象力。任何一个向准雇主提出可能有用的创意的人都会脱颖而出，并几乎肯定会受到优先考虑——即便其建议无法付诸实践。"

15 年以来，Lifesavers 有限公司前任总裁西德尼·埃德隆德（Sidney Edlund）一直把教人如何应聘新职位作为自己的爱好。他的基本原则如下：

1. 提供一份服务，而不是谋求一个职位。

2. 符合你准雇主的个人利益。

3. 对你想要的工作和你的资历进行具体说明。

4. 与众不同，但仍要保持真诚。

所有这些原则都需要提前做好规划或运用创意，抑或二者兼顾。即便在个人形象的问题上，我们也可以在找工作之前先在想象的镜子中好好审视自己。另外，想要"与众不同"，即在其他求职者之中出类拔萃，我们就需要在敲响雇主的门之前先把创意想好。

我们也需要用想象力来帮助我们找到求职的目标。我们首先要问的问题很可能是："我最有可能成功的职业是什么？"将所有看似有任何可能的选项都写下来。完成之后，我们可以进行一些对比核对。让我们浏览一下电话簿中的分类广告，然后粗略看一眼上面列出的 200 多项信息。接下来我们可以去图书馆，翻一翻"职业"书籍。也可以和一些有经验的朋友聊聊天，寻求对方的指导。但是，不要让对方代我们进行创意思考，而是展示出我们可选的职业，只求对方给出建议。

百货公司界的名人沃特·霍文（Walter Hoving）估计，在每年 40 万名寻找工作的大学毕业生中，只有少数人动用创意思考过该尝试哪些职业以及该在哪里找到合适的工作。他说："消极等待别人帮你思考应该自己思考的事，这种做法经常让我觉得不可思议。"

如今，我们可以通过科学测试认识自己的能力。但是，这些认识只应作为我们对于未来职业的创造性思维的铺垫。

第二节
机智寻求空缺职位

明白了我们最应探索的职业，下一步，便是寻找空缺的职位。在这些探索中，想象力能够起到举足轻重的作用，比如，一位来自克利夫兰市的年轻人读到了一份报社的"盲选"[①]招聘广告，这份工作

---

① 这种广告只会刊登工作信息，但出于种种原因，通常不会透露雇主信息。——译者注

正是他梦寐以求的。但是除了这份空缺职位位于俄亥俄州之外，广告上就什么信息也没有了。他意识到，申请者们一定会蜂拥而至，而他则下定决心，要在众人之间脱颖而出。因此，他找到了州内所有日报的主编的名字，然后给每个人写了一封信。他在适当的时机找到了适当的人，也因此获得了那份工作。另外，还有两位主编也向他抛出了橄榄枝。

在写申请信时，我们应该通过收信人的眼光来审视自己。由于没有人想招聘马虎懒散的员工，因此我们的拼写也很重要。宝洁公司人力资源部的一名工作人员对申请人写来的 500 封来信做了分析，并发现其中 82% 的信件都因拼写错误而大打折扣。

相比于只寄单封信件，你需要的或许是一起大规模的求职攻势。即将从雪城大学毕业的罗伯特·A. 坎诺克（Robert A. Canyock）在故乡附近找到了一份工作。他给潜在的 170 名雇主各寄出了一份很有说服力的文件夹，引得其中 32 家雇主给他发来面试邀请。同样，还在圣路易斯大学读书时，莱昂·特纳（Leon Turner）便制作了一份胶印照片册，寄给了 58 家公司。其中有十几家都回复说，他想要的那份工作正好有空缺。

求职面试需要参与者事先准备好创意。在规划策略时，我们应该对自己提出各种各样的问题，包括要多问："假如……怎么办？"对突发事件的预见越准确，我们就能越好地加以应付。有了这番准备，在面对那些或许会让我们说错话或显得反应迟钝的问题时，我们便能更加对答如流了。

在面试之前先寻找些创意，这通常会让你受益匪浅。我的一位从战场归来的年轻朋友急切想要转行。他对自己想要进入的领域几乎一无所知，但对自己想要进入的公司却坚定不移。他不知自己的第一次面试是成是败。于是，他没有按照常规方法进行申请，而是花了一周的时间，给未来雇主的客户打电话。

在一周之内，他便获得了将近 50 个想法。之后，他成功得到了面试机会，并在面试中以试探发问的形式将自己的 10 个最好的创意不动声色地提了出来。

在此之后，他的新上司曾经告诉我，我的这位年轻的退伍军人朋友表现非常出色。"他没有用惯常的方法向我要工作，我真是太欣慰了，"他的雇主这样说，"我已经打定主意不再多招人了。所以，在我们第一次会面时，如果他没有表现出自己是个知道如何搜集创意的人，那么我就会将他拒之门外。我也很高兴地表示，他在得到这份工作时所表现出的聪明才智，在工作过程中也发挥了出来。"

一些雇主会派代理人到大学去寻找有潜力的年轻人。我的一位本科生朋友就想要在这样一家公司里工作。因此他花了四个周末的时间，对这家公司的经销商和竞争对手进行了采访。来校的代理人惊奇地发现，这个年轻人竟然对行业有着如此深刻的认识。现在，这两个人已经在同一个部门里工作了。

目标越是高远，你准备的内容就必须越有创意。一个年收入超过 1.5 万美元的人决定寻找一份更好的工作。他选好了自己想要加入的公司，订阅了那个行业中所有的商业报纸，购买了涉及那家公司存在问题的所有书籍。每到周六，他都会打电话与公司的经销商交谈。如此准备了四个月后，他给公司负责人写了一封短信，里面包含了一个解决经销商态度消极的想法，并请求得到一次面试机会。他的计划没有被采纳，但他对问题的准确拿捏给招聘官留下了深刻的印象，并把他想要的职位交给了他。

第三节
简历中的创意

美国海军已经证实，在眼睛和耳朵都被调动起来的时候，人们便能多吸收高达 35% 的信息，并能将以这种形式学到的知识多保留55% 的时间。因此，我们的求职演说也应当尽量做到图文并茂。一位拥有 14 年成功经验的哈佛商学院毕业生，将目标锁定在了一个更好的职位上。他没有用传统的方法对自己令人叹服的经验做一概括，而是提交了一份形象的图表。这不仅更好地吸引了雇主的眼球，也让雇主对这位申请人的创造力产生了强烈的兴趣。

一份为潜在雇主量身定做的图文并茂的作品集则会得到更好的收效。比如说，第二次世界大战结束后不久，我们的公司就从部队中收回了 160 名老员工，因此也就没有寻找新员工的需求了。就在这时，一位年轻人来找到我，而我当场就雇用了他。这是为什么？因为他在德国完成了许多任务，身上挂满了军功章？不。这是因为，他花了三个月的时间来研究我们的业务模式及业务需求，认真思考过自己该通过什么方法最有效地为公司贡献力量，还为那次与我们的面试特意准备了一份作品集——这份心血之作向我证明了他丰富的创造力，也让我知道，他绝不惧怕努力。

对于后续面试的规划则要调动更多的创意。为了打造理想的后续面试，请准备好一大堆新想法。当我们带着更多有益于公司的建议再次找到雇主时，便很可能会发现，雇主不但渴望得到我们的创意，也期待我们能为公司效力。

在寻找第一份工作时，我的一位朋友把简历投给了梅西百货。对方斩钉截铁地告诉他，在他之前的申请人有太多了。他并没有气馁，而是把这家商店逛了个遍。然后，他拨通了人事主管的电话。

"我想找一份工作，"他说道，"我刚刚花了几个小时在商店里寻找我能改善的问题。我已经列出了 10 个我觉得自己现在就能贡献力量的问题。我能不能上楼来把这些问题告诉你呢？"就这样，他得到了一次面试机会，很快就成为梅西百货的实习生。

乔治·R. 基思（George R. Keith）是一位 40 岁就退休了的律师。出于一个颇有创意的爱好，他为无业人员设立了一个免费寻找职位空缺的系统。在 30 年的时间里，他设置了各种巧妙的方法，为超过 8 万名求职者提供了帮助。通过打造挖掘机遇的独特方法，他找到的工作机会竟然比求职的人数还要多，即便是在大萧条期间。就这样，他在很大程度上证明，无论想得到什么职位，想象力都能保你梦想成真——无论是在萧条还是繁荣时期。

第四节
想象力助你晋升

F. L. 韦尔斯（F. L. Wells）博士在研究中对一组高工资人群与一组一般工资人群做了对比，并将研究结果向美国应用和专业心理学家协会做了报告。在四次智力测验中，这两组人在所有领域都得到了差不多相等的评分，只有一项除外——那就是创造力。那些站得较高的人，不仅能够想出更多可做的事情，还能想出更多完成这些事项的途径。就像蒙田所写的："丰富的想象力会带来机遇。"

这道理看起来一目了然，但维克多·瓦格纳却说："真是太可悲了。每天，都有数百万的年轻人任由自己埋首于毫无新意的沉闷工作之中，只因为他们对想象这一神奇能力视而不见或白白糜费。"

在事业的任何一个阶段，许多晋升机会都以表现出的创造力作为评判标准。一家大型公司的老板即将退休。他有七位得力的助手。被我问及如何挑选继任者的时候，他回答说："年复一年，我的一位助手都会经常给我发来备忘录，开头通常是'这听起来有点古怪，但是……'或是'您或许已经想到了，但是……'虽然他的很多想法有些微不足道，但我最终还是决定由他来接替我，因为如果没有一个相信创意、并且有足够的魄力发表自己意见的领导者，这家公司就会枯竭。"

通用烘焙公司的总裁乔治·莫里森（George Morrison）必须要挑选一位执行副总裁。他选择了一位名叫托马斯·奥尔森（Thomas Olsen）的 60 岁的会计。我向莫里斯先生询问原因，他回答说："因为他的思维方式很年轻，他总是创意不断。"

在过去，许多员工都是被拥有企业的亲戚或投资企业的银行家们推上了领导者的岗位，而今，这条捷径已经不再常见。如今，在通常情况下，升至顶端的人都是由两股力量推动的：一是他的上司需要他的帮助，因此把他提拔上来一起共事；二是他的直系下属想要把他抬到高处，因为他们信任并喜爱他。如果此人缺乏创造的活力，那么上司就不会渴望得到他；如果他缺乏让人产生共鸣的想象力，下属们也就不会对他产生好感。

很少有员工能考虑到自家公司对于省钱的需求。一位在私下慷慨大方的公司总裁最近对我抱怨说："在过去的一年中，我收到了数百名员工的来信，要求我支付这样或那样的费用，但几乎从来没有人来向我提出如何省钱的建议。"想想看吧，如果他的哪位年轻员工能够想出一些省钱的点子，便能多么令人刮目相看啊！

若要构想出探索事物的方法，只需动用一丁点的想象力，然而，就是因为做不到这一点，许多员工才会止步不前。不久前，西尔斯百货的一位高管告诉我："我们把能找到的最聪明的人才招聘进来，但在被要求做一些超出常规工作的事情时，我们的新员工却往往不知所措。对于如何查找各种信息，他们好像完全摸不着头脑。"因此，许多老板都渴望自己的员工能拿出更多的独特创意。

商业顾问卡尔·E. 霍尔姆斯（Carl E. Holmes）认为，绝大多数员工之所以停滞不前，是因为他们在创意上的不足。霍尔姆斯表示："上帝赐给了我们想象力，想象力本该成为我们生活中最为强大的力量，但却极少有人能有建设性地对它加以利用——知识是个好东西，工业也是个好东西，但想象力却能缔造奇迹。"

第五节
销售技巧的关键

创造力可以在业务的任何阶段推动员工的进步，在销售技巧方面尤为如此。销售员必须用心并有意地调动自己的想象力，想想自己该从哪些细节上为每位客户提供帮助。不同的情况需要运用到不同的技巧。正因为此，职业能力测验人员才坚持认为，成功销售最重要的两个特征，便是客观公正的个性和创意丰富的想象力。

一天晚上，开车开了很长一段路的我大约九点才来到在罗切斯特的酒店。我曾跟自己约定过，要在入眠之前花上一个小时的时间，思考如何在翌日说服我的潜在雇主。晚上，我想出了许多想法并快速写了下来。第二天早晨的面试很成功，这很大程度上都要归功于我前一晚所做的创意思考。那次的胜利，成为我职业生涯的转折点。

一位负责采购的副总裁给我讲了一位销售员的故事，对方经常联系他，却从未成功谈下一笔订单。"他从不气馁。每次我拒绝他的时候，他都会微笑着说他会再试一次。最后，我不知不觉地就把每年10万美元的业务交给了他。笼络我的是什么呢？他有一个习惯，每次打来电话，都会给我出一个点子。"

如果一个人在路途中能时刻唤醒想象力，就能捕捉到有助于自己所在公司的好点子。比如说，通用磨坊的副总裁兼产品管理总监G. 库伦·托马斯（G. Cullen Thomas）就讲述了这样一个例子：

"我们的一位销售员给我们送来他在佛罗里达的一家小面包房买到的半生不熟的面包卷。面包呈金黄色，颜色几乎发白，一点也不诱人。但我们重新加热、把面包烤熟后，却尝到了颇有居家自制风味的热气腾腾的美味面包卷。我们很快就获得了这个简单方法的专利，并移交给我们的研究和技术人员进行进一步的研究实验。大约八周过后，我们便向烘焙业展示了革命性的'褐色烤制（Brown 'n' Serve）'烘焙产品，从那之后，这些产品已经成功走进了数百万的美国家庭。"

所以说，一位保持想象力灵敏的销售员，能够成为其所在公司创意研究领域的有力资源。

(讨)(论)(话)(题)

1. 你会如何选择自己最适合的职业?

2. 西德尼·埃德隆德列出了申请工作时要遵从的 4 条原则。你觉得哪一条最重要? 为什么?

3. 一位申请人可以通过哪些方法做到"与众不同,但仍要保持真诚"?

4. 假设你正在雇用一位销售员,你会在这个人身上寻求哪些品质?

5. 在你拜访潜在雇主时,提交一份书面形式的资历有什么好处? 为什么应做到图文并茂?

(练)(习)

1. 列出你认为自己可能适合的六种职业。在其中选出你认为自己最适合的一个。说说原因。

2. 选择对你最有吸引力的职业,并列举出 10 条或许能吸引潜在雇主的资历。

3. 列举出一名想要博得潜在雇主青睐的销售员可以培养的五种"额外技能"。

4. 列举六个能够帮助你的学校、大学或企业省钱的点子。

5. 如果你是一名雇主,你会通过哪 3 个问题来评估申请者的创造能力?

第四章

第一节
领导力和职业中的创造力

　　无论是在社会生活还是商业中，创造性思维对于领导力都至关重要。虽然高管必须拥有相当程度的判断力，但也不能只做一个决断者，除此之外，他还必须是个足智多谋的人。因此，此人便同时也需要认识到创意的价值，并明白该如何发掘和激发下属们的创造力。

　　在作出决策时，商业领导者必须将创造性思维与判断性思维结合为一。为了得到比凭借个人判断更为可靠的答案，领导者需要想出将他人的经验结合起来的方法，要想出通过会议小组或调查集思广益的方法，还要想出如何将问题付诸实际测试的方法。

　　想象力对于预先判断至关重要。我认识的一位最有能力的高管最近告诉他的董事会："我们虽然一路顺风顺水，但也需要注意前方的礁石。我列出了20个可能让我们沉船的事项，在此跟大家分享。"之后，他征得了五位有商业经验的创意人士的帮助，并拟出了一份含有179个危险因素的检查单。

第二节
成功的领导者会激发创造力

20 多岁的时候，还在铁路机车公司工作的沃尔特·克莱斯勒（Walter Chrysler）就拿到了 1.2 万美元的年薪，这样的薪水在当时已属惊人。预见到汽车未来的他辞去了那份工作，并开始以一半的收入制造汽车。作为公司 1925 年到 1935 年的总裁，他对于想象力在工程设计中的作用一再重申，因此，他的继任者考夫曼·苏玛·凯勒（Kaufman Thuma Keller）自然而然地采纳了同样的信条。时至今日，克莱斯勒集团仍将创意视为珍宝，也因为此，集团将"创造性想象力"奉为自己的座右铭。

理想的高管既是有创意的决策者，也是有创意的教练。此人会培养周围人的创造力，使之茁壮成长。最重要的是，他必须对创意的力量抱有发自内心的尊重。他可不能跟一个我认识的人那样，此人在军队里小有名声，但却总爱轻蔑地说："创意遍地都是，一文不值。"相反，他必须要像百路驰轮胎的总裁约翰·科莱尔（John Collyer）一样，按照其研究主任霍华德·E. 弗里茨（Howard E. Fritz）博士的说法，这位总裁"不仅心态开放地接受所有可能的创意，也让我们每一个人感觉，他最想从我们身上实现的，便是将我们的创造性想象力发挥到极致。"

大企业的需求之一，便是提高二线管理者的创造力。他们旁听了许许多多的会议，但往往只是把自己的想象力运用在了猜测下属们的反应上。这种与创新相悖的习惯，往往可以通过上级的鼓励加以纠正。

年龄较长的领导者必须特别防备，不要因长期积累的经验而对乍看似乎不大有希望的想法冷嘲热讽。通用食品公司的负责人克拉伦斯·弗朗西斯（Clarence Francis）就这样警告说："年轻的高管会找到我，跟我提出他们自认为是全新的点子。根据我的经验，我可以告诉他们这些想法为什么不会成功。但我并没有劝说他们放弃自己的想法，而是建议在实验部门加以测试，以尽量减少损失。讽刺的是，事实证明，在这些我本可以扼杀在萌芽状态的年轻人的点子中，有 半都是要么行得通、要么就能延伸出其他行得通的点子。我所忽略的一点是，虽然这些点子并非全新，但付诸实践的环境却已与以前大不相同了。"

第三节
企业该如何利用创意

由 2000 多万名员工组成的超过 6000 家美国公司现已采取了建议体系，企业对于创意的重视可见一斑。这种体制鼓励工作人员提出有益企业利益的想法，而每个被接受的建议，都能为提出者带来丰厚的回报。

1880 年，一位名叫威廉·丹尼（William Denny）的造船商在苏格兰首次采用了这种制度。1918 年，海军首次在美国采用了完整的建议体系。不过，这种体系的大幅激增，是随第二次世界大战出现的。

在这场战争中，美军的建议体系激励国防部的文职雇员想出了多达 20069 个新想法，在 18 个月内节省了 4379.3 万美元的经费。美国海军在其 48 艘最大的军舰上全部实施了类似的制度。在不到两周的时间内，一艘军舰上收到和处理的建议竟达到了 900 个。

在商业机构中，类似的制度也正在迅速发展之中。去年，伊士曼柯达公司的员工因其创意所收到的奖金，比前年多出了 2.8 万美元。被采纳的建议达到了 9711 个，比前一年增加了 1100 个。去年，在柯达的一家工厂里，有 4 位员工每人提出了超过 50 个想法。

1951 年，通用电气公司平均每月都为员工提出的创意支付超过 4 万美元的奖金。许多公司为一个创意便支出了 5000 美元或更多的奖金。去年，因设计出一种更好地处理内核的方法，查尔斯·扎米斯卡（Charles Zamiska）得到了克利夫兰石墨青铜公司（Cleveland Graphite Bronze Company）铸造部提供的 2.8 万美元奖金。这一数额，是这种方法在头 6 个月所省下来的成本的 25%。

想要维持以"每小时劳动生产更多产品"为基础的国民经济，源源不断的新创意是必不可少的。正因如此，马歇尔·菲尔德百货公司的约翰·A. 巴克迈尔（John A. Barkmeier）在不久前告诉 800 位顶级高管："每个组织中上上下下每位员工的创造性思维都是不可或缺的。"建议体系的数量比以往任何时候都更多，地位也更加巩固，根本原因就在于此。

第四节
职业生涯中的创造力

想象力是取得科学和技术成就的必要条件，对此，我们已经进行了探讨。同样地，所有职业都需要创造力。

行医便是一种对想象力的不断挑战。在诊断中，医生必须要想出所有可行的备选方案。虽然医生现在可以依靠凭他人的创意发明的仪器和测验方法，但如果不强迫自己想象出大量的假设，他仍无法进行很好的诊断。而在治疗方面，同样地，他也不能单靠书本，而是需要借助想象力来运用自己的知识。

无论是内科医生还是外科医生都应该永远铭记，手术和医药领域近年来的辉煌进步，主要是来自美国神经外科医生哈维·库欣（Harvey Cushing）博士和苏格兰生物学家亚历山大·弗莱明（Alexander Fleming）博士等创新者在创意上的努力。

除此之外，一位内科医生也需要不断运用引起他人共鸣的想象力，也就是让自己站在他人的立场上。共情的疗愈力，在哈利法克斯伯爵（Lord Halifax）之子的故事中彰显无遗。有人对这位双腿截肢的二战时期的老兵提出请求，让他帮另一位失去双腿、沮丧得无力自我复健的老兵振作精神。几周过后，医院的院长告诉他，那位老兵恢复得很顺利。"你是做了什么努力，才让他打起精神的？"院长问他。他回答说："这很容易理解。他看到，我跟他站在同一个立场上。"

服务于儿童的医生，在处理病人关系时尤其需要运用想象力。早年在布法罗做报社记者时，我听说了许多关于查尔斯·博尔奇莱利（Charles Borzilleri）博士的故事。他是这座城市意大利移民群体中最大也最有声望的偶像，还虚构出了一条尾巴长在前面的狗。每当为儿童病患治病时，他便会讲述这只奇特宠物的故事来分散孩子的注意力。小病患们常常会坚持要看看这只动物，为此，医生的夫人不得不买了几十只玩具狗，把尾巴剪掉，缝在鼻子上。

那么牧师呢？你能想象他们在准备每周新的布道内容时所倾注的创意吗？同样地，一位成功的神职人员也需要在筹措资金、制订计划、取悦支持者以及其他许多方面运用自己的聪明才智。

至于律师，一位法律界的名人这样评论："相比于一位缺乏想象力的毕业生代表，给我一位在学校成绩尚可、但能在实际工作中用创意进行思考的年轻毕业生，我能让后者出落成一位更加优秀的律师。"

律师们当然想要想出各种策略，还要预见其对手会如何进行反驳。而陪审团对于创意施加的巨大挑战，就更不用提了！

长久以来，职业政客一直遵循着传统的竞选模式，但是，为了赢得1950年的纽约州州长竞选，托马斯·杜威（Thomas Dewey）却必须想出一些匠心独运的方式。当时的形势对他极为不利，但即便如此，通过对一种新媒体加以别出心裁的利用，他在一夜之间就将劣势扳了回来。从早到晚，他不停出现在广大电视观众面前，即兴回答整个纽约州涌来的选民提问。许多听过他谈话或目睹过他风采的人，都被他对公共问题的精准理解所折服，决定转而支持他。说到艾森豪威尔的总统竞选，借助电视将全国各地的共和党官员们带进全美民众的客厅，而不是让将军本人站在讲台上宣读另一篇冗长的讲稿，这是个多么绝妙的主意呀！

在军事领域，战略和战术就是一切，而它们也依赖于创造性思维。军事领导人必须把自己放在敌人的立场上思考问题。在非洲之战的紧要关头，伯纳德·蒙哥马利（Bernard Montgomery）将军在他的机动司令部的墙上挂上了一张埃尔温·隆美尔（Erwin Rommel）将军的照片。人们询问他原因的时候，他的回答是："这样我就能看着他的照片不停地思考：如果我是隆美尔，会怎么做呢？"

对于一个士兵而言，不最大限度地发挥想象力就想成为伟大的将军，只是痴心妄想。亚伯拉罕·林肯（Abraham Lincoln）表示："在军事领域，有诸多的因素都取决于一个大师级的大脑！"什么是大师级的大脑？这样的头脑，能将知识与想象力精准地融合为一。在战场和其他所有领域，这二者的结合，都是杰出领导才能的基石。

讨论话题

1. 1880 年，威廉·丹尼提出了什么创意？如今，这个创意得到了怎样的发展？

2. 你能想到多少种方法来激发一个组织机构的人员开动脑筋？

3. 你认为"设身处地为别人着想"是可能的吗？你对此有多相信？

4. 你认为，过去的经验是有助于还是有碍于你想出新点子呢？原因是什么？

5. 一位充满热情的年轻雇员提出了一个已经被事实证明毫无价值的想法，雇主该如何处理呢？

练习

1. 列出 10 个可能导致成功企业失败的因素。

2. 写下六种活用想象力以提高医生工作效率的方法。

3. 为昨天报纸上的社论写出 6 个备选标题。

4. 为了增加人气，图书馆可以采取哪 6 种措施？

5. "男高音不是指一种音域，而是一种疾病。"这是萧伯纳（George Bernard Shaw）的一句隽语。针对（a）大二学生（b）女人（c）政客和（d）电视分别写一段类似的隽语。

第五章

第一节
想象力可以改善人际关系

本杰明·迪斯雷利（Benjamin Disraeli）曾说过："想象力支配着世界。"从某种程度来说，想象力也支配着我们的个人生活。没有想象力，即便是道德的黄金法则[①]也不起作用。因为如果我们无法在心里设身处地为他人着想，就不能做到己所不欲，勿施于人。开明的利己，取决于想象力的运用。

机智圆滑也需要运用到活跃的想象力。门徒保罗在亚略巴古的讲话中称他自己也崇拜一个"未知"的上帝，这很快就赢得了反基督教听众们的人心。耶稣也曾一次次地利用超凡的想象力与陌生人交流。比如说，有一天，他在湖边看到两位渔夫，想要招他们做门徒。两位渔夫正忙着捕鱼和谈生意。如果耶稣直接上前请求他们聆听布道，这或许会招致两人的怒骂。而耶稣却说："来跟从我！我要使你们成为得人的渔夫。"这样的用词，助他赢得了两人的心。

"三思而后言"这句话，不仅是说要掂量我们要说的话，也是说要想象别人会作何理解。大多数招致不愉快的失礼行为，都是因为我们没有发挥想象力来思考这个问题。

[①] 所谓黄金法则，是指对待他人要符合道德伦理，可以概括总结为"己所不欲，勿施于人"。——译者注

不久前，哈佛大学对人们失业的原因进行了一次研究。结果显示，只有 34% 的人是因为无法完成工作而被解雇，而 66% 的人则是因为人际关系上的失误，也就是无法设身处地为他人着想，究其原因，就是因为他们不会运用想象力。通过不停地转换视角，我们的创意也会随之成长，但是，如果想要对创意进行更加积极的打磨，而不只是消极地遵循道德的黄金法则，我们可以通过积极实践黄金法则来迫使自己"直接跨越到对方的视角上"。这样一来，我们就是在实践心理学中的"同理心"，即"将自己的意识投射到另一个人身上"。同理心会要求你考虑要为对方做些什么，并真正加以实践，从而不仅调动起间接的想象力，还要将创意调动起来。通过这种方式，我们几乎能够拥有移山之力——就像牧师詹姆斯·凯勒（James Keller）在他关于"克里斯托弗"宗教团体的《你可以改变世界》一书中所言。

同理心也是匿名戒酒会的秘诀所在。这个组织堪称利他主义熠熠生辉的例证，也是对人类想象力的崇高致敬！多年以来，各种各样的药物、宗教和"疗法"只使得不到 4% 的酗酒者获得康复，然而，通过与受害者互换位置，匿名戒酒会的成员却使大约 50% 的寻求帮助者恢复了健康。

第二节

婚姻关系中的想象力

正如伊恩·麦克拉伦（Ian Maclaren）所指出的："之所以得罪我们挚爱的人，不是因为我们不爱对方，而是因为我们不会想象。"

美国的婚姻记录显示，有三分之二配偶的结合能够持续一生。但从另一方面来说，克利福德·R.亚当斯（Clifford R. Adams）一项为期10年的研究却发现，只有17%的已婚人士在彼此身上寻得了真正的快乐。另外83%的人们的幸福感，肯定能够通过更富创意的思维来改善。

"亲吻相拥、言归于好"在一开始的时候或许有用，但后来却往往会因收益递减定律而逐渐减退。亲吻相拥、认真思考——也就是想办法避免这种必须靠言和来弥补的冲突，这种应对方法要有效得多。这种富有创意的练习不仅能帮助我们捍卫自己的幸福，还能帮助我们磨砺自己的思想。

如今，离婚已经变成了司空见惯的常事，以至于为收集个人资料而寄给哈佛大学1932届毕业班学生们的表格上，竟空出了足够写下两段婚姻和一次离婚的空间。当今，美国每年约有50万对夫妇离婚，已经达到了10年前的两倍。在这些案例中，当事的男方、女方或是亲友们，又有哪位因努力避免触礁而有意地运用了想象力呢？在许多案例中，精神病学家都尝试着给出诊断。律师们也提供了许多建议，但主要是通过理性或分析性的判断。有意努力想出新点子来帮助家庭破镜重圆的人，还不及十分之一。

斯蒂芬斯学院以帮助女性迎接婚姻这桩"事业"而闻名，学院家政家庭系的主任亨利·A.鲍曼（Henry A. Bowman）博士是婚姻问题的权威。鲍曼博士对他的学生说："成功的婚姻，是一种创造性的成就。"在斯蒂芬斯大学的20名毕业生中，离婚的只有1位，而全美的离婚率却高达三分之一。

任何陷入婚姻困境中的男男女女，都可以想出办法来抵消不快，从而给婚姻留出更多自愈的时间。比如说，一位丈夫迷恋上了一个年轻女人，妻子正准备开始走离婚手续，正在这时，妻子的一位朋友建议她养成一些能够转移痛苦的新兴趣。她罗列出 23 项活动，并从中挑选了写诗。这给她提供了一个富有创意的出口，支撑她坚持下去，直到丈夫恢复理智。

时机是婚姻延续的利器，正如妮娜·威尔科克斯·帕特南（Nina Wilcox Putnam）在她的个人故事中所说的："在过去的 23 年中，几乎所有可以想象的离婚理由都曾经摆在我和丈夫面前……但最后，我们之中的一方总会说服双方抽出时间认真反思，结果，一段更加美好而牢靠的关系，从我们愤怒的余烬中孕育而生。我相信，在任何婚姻中，时机都是重要的。"

在解决婚姻问题的诸多方法之中，对于时机的把控只是其中之一。想象力不仅"重要"，它还是成功婚姻的必要条件。

第三节
家庭琐事会对想象力造成挑战

绝大多数妻子所做的家务，要比丈夫所做的枯燥乏味的工作更需要想象力。"我能用这些剩菜做些什么呢？""怎么才能让约翰尼准时上床呢？""这周六晚上找谁帮我们看孩子呢？"在这类问题上，许多女性能够而且确实在日复一日、从早到晚地激发着自己的想象力。

购物当然也需要敏捷的思维，钱包越是干瘪，需要的想象力就越多。例如，丈夫或许会将买肉当作简单的例行公事，但当他坐下来，面对着一份像里脊肉一样美味、但价格却实惠得多的匈牙利红烩牛肉时，他真该好好感谢自己的福星，因为他的妻子使用的不是他的钱，而是她自己的想象力。

许多著名的作家、演员和画家都在练习烹饪艺术。他们认为烹饪是一种真正的创意练习。几乎每道菜都需要人们想法使之变得更加诱人。我们可以发明的食谱是无限的。在思考烹饪什么和怎样烹饪的时候，也就是在思考新的食材和新的样式时，烹饪的方方面面都在挑战着我们的想象力。

洗碗呢？总有某种方法是更高效和省力的，这门差事对于创意的积极作用，也是我们男人应该认识到的。我们应该知道，刮胡子的时候，也是我们最思如泉涌的时候。而同样全神贯注的状态和同样舒缓的流水声，也能够帮助我们在洗碗碟时想出好点子来。

那么洗衣服呢？即便是洗衣服，也能给女人们提供一个发挥想象力的机会。一位女作家告诉我："熨衣服的时候也是我最文思泉涌的时候。任何让双眼紧盯着一个点、同时让思绪相对自由地徜徉的活动，都是一种有效促进精神集中的方式。在某种程度上，这就像是在催眠中将双眼停留在一盏灯上的做法。"

女性们在洗涤过程中遇到的一些小问题，也对想象力造成了挑战。比如说，一位新泽西州的妇女喜欢那种带圆钩的毯子，却讨厌衣夹在上面留下的痕迹。于是她想出了一个新妙招：把毯子放进洗衣盆之前，在两边各缝上一块大约10厘米的细棉布。

美化家居的配饰也需要丰富的想象力。一位女士并没有将花盆覆盖起来，而是选择把它们擦得锃亮。即便窗帘也不必单调无味，费城的一位家庭主妇就证明了这一点，她在窗帘的内面涂上色彩，让每个房间都焕发出光彩。

我们可以运用想象力来设计图画的大小、特征、色彩和边框。在家居美化的这个环节中，创意可以代替金钱。爱德华·卡特（Edward Cart）夫人需要用一些东西来装点她公寓中朴素的绿色墙壁，于是想到了仿照摩西奶奶的画作制作风景织画的主意。她用这块布剪出几幅图画，每幅都用简洁的黑木框装裱起来。

第四节
创意能够解决抚养孩子的难题

如果做父母的人能够用启发代替唠叨，那该多好！唠叨只需动动舌头，但启发却需要创造性思维。哦，我们是多么需要用创意引领孩子们爬过婴儿期的荒野、穿过青春期的密林、到达成熟的彼岸啊！

为了停止在练钢琴的问题上不休的争吵，一位体贴的母亲买了一个小笔记本和一盒彩色的星星。现在，她的每个孩子都会将计时器放在厨房的灶台上，练习15分钟的时间。时间一到，这位母亲便会在练习本上贴上一颗星星。到了周日，一周内得到星星最多的孩子便会赢取一份奖励。她告诉我："孩子们弹出来的音乐越来越好听，而且每个人都对自己的练习产生了一种责任感。"这个小小的创意多么简单易行！然而，有多少父母宁愿白费口舌，也不愿动脑子想出任何新的创意！

如果父母必须要打孩子，至少也能想出些更有创意的方法。如果能选择合适的时间和地点而不是被自己的怒气牵着鼻子走的话，效果也会更好。

即便是一点点的渲染，也能起到效果。加拿大法律界的一位重要人物有三个小男孩，从孩子们可以辨别是非起，这位父亲便担起了打屁股的职责。但是每次打屁股时，他总会穿上一件平日里从不穿的衣服——一件粗犷的羊毛西装夹克。这件正装有助于让他的轻柔的击打显得更有说服力。

想要让罚与罪相互匹配——也就是在施加惩罚时让孩子们感觉公平，我们也需要用到想象力。戴尔·卡斯托（Dale Casto）夫妇会通过换位思考的方式来实现这个效果。他们会与家里的男孩坐下，对问题进行详细讨论。然后，两人会让孩子决定接受何种惩罚。在一次谈话中，孩子选择的惩罚让父亲不禁感叹："孩子，我们觉得你对自己太苛刻了。相比一个星期不打球，我们觉得两天的惩罚就已经足够了。"

与之相比，威廉·W. 鲍尔（William W. Bauer）博士讲述的一个关于吃午饭迟到的小男孩故事可谓截然相反。"他的母亲愤怒地扑向他，像对待畜生一样羞辱他，然后逼迫他把午饭吃下去——一点都不能剩。"母亲走出门后，小男孩把饭呕吐了出来。那天晚上，小男孩没了踪影。午夜时分，警察打来电话，说他们拦住了那个想要靠搭车逃出城去的孩子。

鲍尔博士认为，孩子的母亲当时应该这样做才对："午餐时间到了，而乔没有出现，这时，她应该把午饭吃完，然后把桌子收拾干净。当乔回来时，她应该让他自己去盛饭，吃完后自己收拾干净。这正好可以惩罚他的过错，也能让他明白，吃饭迟到是没有什么好处的。"

与大吵大嚷相比，当父母用有创意的方法管教自己的孩子时，不仅有助于得到期望的效果，而且也不易伤感情。通过构想出这些策略，父母们不仅能让自己的家庭更加欢乐，也能让自己的想象力更有活力。

另外，父母也应该引导孩子开启自己的创意。比如说，每当吉恩·林德劳布（Jean Rindlaub）夫人的一个孩子焦躁不安地抱怨问"我还能做点什么"时，她总会给出这样的回答：

"好了，安妮———拿一叠纸和一支铅笔，把所有你可能喜欢做的事都写下来。我打赌你至少能想出 25 件事呢。你会发现，只是列清单这件事，就能给你带来很多乐趣。"

百货公司的高管朱利安·特里夫斯（Julian Trivers）也同样认同应该让孩子自己动脑筋想办法。一天晚餐时，他打开了一只上有一道开口的神秘木盒。然后，他给五个孩子讲述了大约 6000 家企业都在实施的建议体系，然后他宣布，每个孩子都要想出有助于家庭利益的点子，把点子塞进那只箱子里。然后，他又描述了为每月最棒建议设置的诱人奖励。特里夫斯一家的建议体系虽然没有引出任何惊天动地的创想，但确实让五个孩子认识到，他们拥有天生就应该用于创造的宝贵思想。

第五节
如何与自己相处

无论你是已婚还是单身，对想象力的积极运用，能帮助所有人从生活中收获更多。根据哈里·艾伦·奥弗斯特里特教授的说法，想象力甚至还能塑造出更加招人喜爱的个性：

"那些创造力敏锐的人要比缺乏创意之人有趣得多。二者看上去几乎是完全不同的物种，或者说，创造力敏锐的人可能从属于进化的更高层级。这些人不仅能看到现状，也能看到可能性，而看到可能性的能力，就是区分不同种类的人的重要特征之一。"

在与自己相处方面，我们的满足感在很大程度上取决于自己的创造力。根据人类工程学实验室的研究结果，我们的很多焦虑都是因为没能对自身能力进行充分利用而产生的。我们的才华不断渴望着表现的出口，而且更在不断地渴望着得到发展。这种渴望若被浇灭，这些才华便会折磨我们。因此，造成我们不满的原因，往往可以归咎于未能将我们的创造力展现出来。转述本·富兰克林（Ben Franklin）的一句话："停止创造性的思考，与终止生命没有什么不同。"

F. 罗布利·费兰德（F. Robley Feland）曾经这样说："我们可以将拥有的被证实的知识放在快乐来源的顶层，这便是指我们的思维方式，即靠想象帮助自己摆脱困难和考验的熟能生巧的能力。虽然仅凭一己之力难以让自己越过藩篱，但凭借应用想象力的力量让自己超越生活中的障碍，不仅是可能的，而且还可能轻而易举。"

即便意志最坚强的人也容易消沉。根据卡尔·A. 门宁格（Karl A.Menninger）医生的讲述，林肯总统的抑郁症非常严重，以至于在一段时间内，"人们必须不分昼夜、每小时地监视他。人们一度认为，将所有的刀子、剪刀以及其他可能用来自杀的工具从他身边拿走，是一种明智之举。"

林肯的抑郁是有着实实在在的原因的。而与之相反，困扰着我们大多数人的忧郁感却很少是由沉重的原因引起的。恰到好处地运用想象力，这些魔咒便往往可以被避免或缓解。

与其就这样闷闷不乐，我们还不如将自己的不快写下来。很有可能，记录在纸上之后，烦心事就显得不那么糟糕了——甚至可能荒谬到让我们嘲笑自己的地步。而通过写作，不但可能会得到一种情感的释放，甚至可能打开某扇通往自己的创造性思维的大门。

抑或，我们也可以进行一些体育锻炼，要是融入一些创造性，那就再好不过了——一天早晨，在被一件不愉快的事情搅得心烦意乱时，我就向自己证明了这一点。当天下午，我必须主持一场会议，因此让自己的精神恢复正常和平静就显得非常重要。于是，我突然想到了一个计划，决定自己去吃午餐，并在其间处理一个棘手的创意项目。

几周前，我和格兰特兰·赖斯（Grantland Rice）正在讨论我的一个关于写一首诗的突发奇想。因此那天中午，在斯塔特勒酒店的菜单背面，我便围绕着那个主题随笔写下了七段四行诗。邻桌的客人可能在纳闷我是从哪家精神病院跑出来的，但是我很尽兴。回到办公室时，我已精神抖擞。

同样地，当我们知道某种情况不可避免之时，如果能运用想象力从正面去面对问题，或许也会有所帮助。比如说，在感冒发烧的第三天，我对妻子说："如果一切照常进行，我下周一就会痊愈，然后我还会再抑郁两天。"一周之后，我果然回到了工作岗位上，但情绪却几乎低落得跟腊肠狗一样。如果没有运用想象力，如果没有让自己适应这种颓废，我的沮丧便会更加严重了。

我们可以通过做一些有创意的事情来将焦虑赶出大脑。1915年下半年，温斯顿·丘吉尔（Winston Churchill）的情绪从未像这样低落过。作为英国第一海军大臣，有许多事情占据着他的头脑，让他不必操心眼下的烦心事。然而，离开了那份美差的他，手边有太多的时间用来胡思乱想。"我一反常态地拥有了大把空闲时间，用来思考战争那糟糕的走势。在身体的每一根神经都燃点着想要行动的激情时，我却被迫继续作为这场悲剧的旁观者，还被残酷地安置在观战的第一排。就在这时，绘画之神拯救了我。"

　　然而，比绘画或其他类似的爱好更有效的，是更加勤奋地练习如何斗志昂扬地应对导致我们绝望的根源，并通过创意思考进入沉静的状态。

（讨）（论）（话）（题）

1. 你觉得因为处理不好工作而失业的人更多，还是因为处理不好人际关系而失业的人更多？为什么？

2. 什么是"同理心"？你会如何在日常生活中运用？

3. 与"亲吻相拥、言归于好"相比，还有什么更好方法能让婚姻和谐呢？原因是什么？

4. 你认为匿名戒酒会为何能在医疗科学屡屡失败的领域创造这么多的成功案例？

5. 我们大多数人都有最喜欢的或有意或无意的摆脱抑郁的方法，即"忘却烦恼"的方法。我们该怎样运用想象力来达到这个目的呢？

（练）（习）

1. 假设你的孩子因为电视而不做家庭作业。你能想出 6 种有助于解决这个问题的方法吗？

2. 想出 10 种在独自一人的晚上自娱自乐的方法。

3. 想出一个你最不喜欢的人。然后在此人身上选出一个最让你敬佩的特质。接下来，想出 3 种在脑中将这种美德放大的方法。

4. 描述一个你最亲近的人身上最令人讨厌的习惯。想出 6 个让对方把习惯改好的对策。

第六章

第一节
想象力才能的普遍性

"什么，我吗？我可是绞尽脑汁也想不出一个主意的呀。"只有傻瓜才能真心说出这种话来，因为大量证据都能证明，想象力与记忆力一样普遍。

关于能力的科学研究已经揭示了创造性潜力的相对普遍性。人类工程学实验室对大批普通机械师的才能进行了分析，发现他们之中三分之二的人在创造力领域高于平均水平。一项针对有史以来几乎所有心理测试进行的分析表明，创意才能的分配很平均——也就是说，我们所有人都或多或少地拥有这一才能，相比于我们与生俱来的天赋，创意的能效更多地取决于脑力输出的多少。

无数普通人表现出的非凡创造力，都证明了这些科学发现的正确性。美国经济学家斯图尔特·蔡斯（Stuart Chase）甚至说过，绝大多数最好的主意都是由业余爱好者提出来的。战争也提供了不可辩驳的证据，说明在爱国主义激情的鼓动下，普通百姓也能在创意领域熠熠闪光。毫不夸张地说，数以百万计的想法，都是由那些从不认为自己有创意的人提出的。

百路驰的总裁约翰·科莱尔表示："在战争期间，我们的员工每年都会提出大约 3000 个提议。我们发现，其中约三分之一的提议的质量都很高，值得用现金奖励。"从 1941 年到 1945 年，位于华盛顿特区的全国发明家委员会收到了 20 多万个创意。仅在 1943 年，因为这些普通员工提出的创意，军械部就节省了 5000 万美元的资金。"

战争激发了千千万万的人想出如此多的妙计，这一事例也有助于证明，几乎所有人都具有创造的天赋，同时，这一事例也让我们看到了努力在激发这种天赋中所起的作用。

即便对于艺术，创造力也绝非罕见之物。"人人都有原创性。人人都能设计——即便不是非常出色，至少也能设计得很漂亮。"说这话的，是诸多艺术教师的导师亨利·威尔森（Henry Wilson）。

第二节
创造力中的年龄因素

柏拉图曾经写道："经验带走的，要比它带来的更多。年轻人要比老年人距离创意更近。"恕我直言，聆听着思如泉涌的 60 岁苏格拉底的箴言，柏拉图怎能说出这样的话呢？

亚历山大大帝的经历似乎也证明了柏拉图的论点。但是，一项对亚历山大一生进行的研究表明，在 25 岁征服波斯之前，他在除军事之外的许多方面都极富创造力。25 岁时，他的创意被虚荣心所麻痹。从那以后，他唯一的一个新创意就是不蓄胡子——也就是把脸上的毛发刮干净，让自己重回征服世界时的年轻模样。如此富有创意的天赋，怎会在如此短的时间里就黯淡下来了呢？答案是，首先懈怠的是他的努力，而他的创造力也随之削弱了。

英国小说家罗伯特·路易斯·史蒂文森（Robert Louis Stevenson）

的一生，似乎也证实了柏拉图的观点。但在 44 岁离世那年，他的写作仍然非常精彩。如果史蒂文森身体健康而未染上肺痨，如果他活到了古稀之年，那么他 60 岁后的写作水平一定会与 40 岁时不相上下甚至更胜一筹——就像歌德、朗费罗、伏尔泰和许多其他创作领域的不朽巨匠一样。

有时，超乎寻常的天赋的确燃得早、熄得快。因此，才会有"神童"这个词语。但是，引发柏拉图那句评论的，不可能是这种早熟的天才。美国诗人奥利弗·温德尔·霍姆斯（Oliver Wendell Holmes）曾说："如果你在 40 岁时还没有把自己的名字刻在声誉之门上，那就不妨把折刀收起来吧。"而在他说出这种与柏拉图相似的观点时，也不可能是以这种早熟的天才作为自己的理论基础的。

霍姆斯本人的生活便证明了这一说法的错误。48 岁之前，他还是一位名不见经传的医生兼教授。他在文学上的声誉始于那篇《早餐桌上的独裁者》，那是他在将近 50 岁时写的。他最富创造力的时期，是在他撰写拉尔夫·沃尔多·爱默生（Ralph Waldo Emerson）传记时，当时的他，已有 75 岁。

霍姆斯儿子的职业生涯，同样驳斥了创造力必然随着年轻而减弱的理论。霍姆斯大法官① 在 72 岁时创作了他的第一本伟大著作《普通法》。1933 年，在他 90 多岁高龄时，美国总统还找到他请教如何帮助国家度过危机。

人们说："作家英年早逝。"但这话并不完全准确。约翰·弥尔顿（John Milton）44 岁时失明，57 岁写就《失乐园》，62 岁写就《复乐园》。大卫·贝拉斯科（David Belasco）在 70 多岁时仍能写出成功的

---

① 即奥利弗·温德尔·霍姆斯之子，美国著名法学家，曾任最高法院大法官。

剧本。马克·吐温（Mark Twain）在 71 岁高龄时完成了两本书——《夏娃日记》和《三万元遗产》。

茱莉亚·沃德·豪（Julia Ward Howe）43 岁时写下了《共和国战歌》。但美国评论家亚历山大·伍尔科特（Alexander Woollcott）曾告诉我，她最好的作品是 91 岁时创作的《日落》。萧伯纳第一次获得诺贝尔奖时，已经年近 70 岁了。

托马斯·杰斐逊（Thomas Jefferson）在 66 岁时退休，回到他在弗吉尼亚州的家中。参观蒙蒂塞洛①的人都对他七八十岁时想出的许多创意叹为观止。同样，本杰明·富兰克林（Benjamin Franklin）也是一位政治家和发明家。同时，他还是一位富有创造力的作家。他的杰作之一，便是呼吁国会废除奴隶制的申诉。这篇申诉是他在 1790 年写的，当时他已年届 84 岁。

在富有创造力的科学家中，乔治·华盛顿·卡弗（George Washington Carver）博士在 80 岁高龄时仍在不断提出新的想法——他思如泉涌，以至于《纽约时报》盛赞他是“为南方农业做出贡献最多的人”。早于卡弗的科学家亚历山大·格雷厄姆·贝尔（Alexander Graham Bell）在 58 岁时完善了他的电话设计，又在 70 多岁时解决了飞机平稳的问题。

心理学家乔治·劳顿（George Lawton）认为，人类的心智能力会持续发展至 60 岁。据劳顿说，60 岁以后，人的心智能力衰退的速度非常缓慢，即使到了 80 岁，也几乎和 30 岁不相上下。他还认为，尤其在创造力方面，虽然老年人容易丧失记忆力等其他能力，但“创造性想象力却会青春永驻”。

———————————

① 是杰斐逊位于美国弗吉尼亚的故居，由他亲自设计。

俄亥俄大学的哈维·C. 雷曼（Harvey C. Lehman）教授提出的学术证据表明，创造力有对抗时间的能力。他的一项研究涉及了在各自时代提出过对世界产生重大影响之创见的重要人物。在雷曼教授列举的 1000 多项创造性成就中，这些人物想出这些创见时的年龄中位数为 72 岁。

即使天赋不能提高，我们的创造能力也会随着努力年复一年地增长。"想象力可以通过锻炼越来越强，"威廉·萨默塞特·毛姆（W. Somerset Maugham）说，"与普遍的看法相反，年长之人的想象力比年轻人更强大。"

第三节
创造力中的性别因素

女性在肌肉上或许不如男性，但在想象力上可是当仁不让。不仅如此，约翰逊·奥康纳基金会通过 702 份女性测试发现，女性的创造力要比男性平均高出 25%。

与大多数丈夫相比，大多数家庭主妇的想象力能得到更加充分的发挥。男人的工作通常是例行公事，而女人几乎白天每小时都要一人独处。很少有女性能意识到自己必须调动多大的创造力。一个将丈夫拿捏得恰到好处的妻子，除了不断想让他满意的好主意，还有其他什么途径呢？一个女人在买东西、考虑菜谱、打理花园、重新布置家具、教孩子们应做什么和不做什么时，需要用到多少聪明才智呀！

诸多劳动者在战时创意百出，其中妇女赢得了众人的瞩目。在

《生活》杂志上了头版的柏妮丝·帕尔默（Bernice Palmer），设计了八种加速发动机零部件生产的装置。《生活》杂志这样写道："其中最有效的一个灵感，是她在回忆母亲做甜甜圈的方式时想到的。"

没有女人会否认自己曾为了圣诞礼物"绞尽脑汁"。这意味着她确实有想象力，并会在责任或感情的驱使下全力发挥。男人在一整年中发挥的想象力，几乎还没有她在圣诞节发挥的多——她要为丈夫、孩子、茱莉亚姨妈、蒂莉表妹和其他所有列在圣诞礼物清单上的人想出各不相同的新奇礼物。在大多数情况下，那些挂着"爸爸赠送"的标签的礼物，也是她们的思想结晶。

要想成为一个好母亲，就必须发挥想象力。当宝宝不吃东西时，你不能因她一发出抗议的怒吼就拱手放弃。你只能想出方法，劝诱她把东西吃下去。纯粹的本能促使父母养成了为后代的利益不惜煞费苦心的习惯。

弗洛伦斯·格雷（Florence Gray）小姐是一名数学老师，也是我的姻亲。她被选中在校长金婚纪念日写一篇致辞。"我做不到，"她绝望地对我说，"我一向没什么创意。"我告诉她，心理测试表明，学校教师这个群体都具有高度的创造性想象力——作为一名成功的学校教师，她无疑是富有才华的——而她所要做的，就是努力尝试。

后来她告诉我，她题为《致我们敬爱的校长》的致辞引起了轰动。我问她是怎么做的。她回答说："那天晚上跟你见面后，我在睡前一直在想各种办法。我将其中的一些草草记下，然后就去睡觉了。整个晚上，我不停地从床上跳起来，记下更多的想法。第二天早上，我惊奇地发现，竟然有这么多好主意可以延伸发挥。第二天，我的致辞几乎是一挥而就的。"现在，格雷小姐已经不再低估自己的创造力了。

创造力领域杰出女性的数量正在高速增长。许多丈夫都已经亲身体会到了女性强大的创造力——尤其是由夫妻组成的大批杰出创意搭档中的丈夫们。

然而，就像俄亥俄大学的哈维·C.雷曼在他的另一项研究中表明的那样，记录在案的引人瞩目的创意成果中，男性所占的比重要高于女性，这一点是不可否认的。但是在历史中，女性有机会展开自己创意的翅膀，只是不久前的事情。在对两性心理差异的分析中，保罗·波普诺（Paul Popenoe）博士指出："这些差异是后天形成的，而非天生如此，且随着女性的生活领域不断拓宽，这些差异也在明显减弱。"

如果两性之间存在差异，很可能也不是因天赋所致，这更可能是因为，更多的男性要面对更多的问题，使他们不得不运用创造性想象力来寻找解决方法。同样地，正是这种锻炼，造就了更强大的创意力。

第四节
创造力中的教育因素

路易斯·列昂·瑟斯顿（L.L.Thurstone）博士这样写道："拥有极高的智力，与在创造性工作上天赋异禀是不同的。高智商的学生不一定能够想出最新颖的创意。精通考试的孩子往往被人称为天才。毫无疑问，他们在记忆能力的得分一定很高……但他们是否善于创造，那就很难说了。"

　　针对创造能力的科学测试表明，同龄的大学生和非大学生之间几乎没有差别。拥有诸多学位的威廉·埃登·伊斯顿（William Heyden Easton）博士表示："教育并非一个必不可少的因素。许多受过良好教育的人在创意上毫无成就，而其他人却在几乎没有接受正规教育的情况下成绩斐然。"

　　根据历史记载，许多伟大的想法都来自在相关领域从未受过专业训练的人。电报是由专业肖像画师摩斯（Morse）发明的。汽船的创意是富尔顿（Fulton）想到的，同样地，他也是一位艺术家。轧棉机的发明者，则是一位名叫伊莱·惠特尼（Eli Whitney）的教师。

　　二战初期，纽约市交通系统的一位非科学专业的员工发明了一种全新的炮弹碎片探测器。自从珍珠港事件开始，这种设备已经拯救了许多人的生命。未经训练的人在创意上超越了受过高等教育之人的类似案例，简直不胜枚举。

第五节
创造力中的努力因素

　　在创造力的功效上，知识的广度和才华的高度都比不上我们背后的驱动力。为了说明这个问题，让我们假设你正和我一起坐在这栋楼的 16 层，我对你说："给你一个便笺本和一支铅笔。如果知道这栋建筑会在顷刻间因地震倒塌，你该怎么做，请在一分钟的时间内写下来。"你的答案或许会是："很抱歉，但我实在没辙。"

　　换一个角度来说，假设我要布置一个以假乱真的场景——派一名技术过硬的演员冲到我的办公室大喊道："这幢大楼会在两分钟内倒塌！"如果你信了对方的话，那就无疑会立即想出一个或好几个点子来。

对于有的天才而言，他们的智慧之灯仿佛根本不必擦拭。亚历山大·伍尔考特和我是大学同学。他那与生俱来的才华让人既惊异又费解。我需要使劲擦拭，才能让我的小灯发出些许光明，而他却仿佛拥有一盏明亮的大灯，只需用袖子轻轻一蹭就行。然而，在他晚年的生活中，我与他相处得越多，就越发意识到他的秘诀与其说是创意天才，不如说是心理意志。

从严格的物理角度来看，即便对大脑的功能进行了充分利用，其中的灰质仍绰绰有余。实际上，绝大多数的脑中枢（比如那些让我们有能力说话和阅读的部分）都是完全相同的。这些孪生姊妹中的一位受伤或是患病之前，另一位只是终日赋闲。我们可以对处于空闲状态的中枢进行训练，使之接管大权。路易斯·巴斯德因中风而致使半个大脑受损，尽管如此，他的一些最伟大的发明仍诞生于这之后。

耶鲁大学的教授埃尔斯沃斯·亨廷顿（Ellsworth Huntington）对早期清教徒朝圣先辈 [1] 后代的创造发明能力进行了研究。他将这些人获得的专利数与日后移民子嗣进行比较，发现殖民地的血统确保会带来更高程度的创意。但是，就如英国历史学家阿诺德·汤因比（Arnold Toynbee）所指出的，扬基人 [2] 的独创性更多来自努力而不是天赋。早期的新英格兰人不得不与印第安人、严寒、森林和土壤中

---

[1] 这些人于 1620 年从英国乘坐"五月花"号船只赴美，在马萨诸塞州建立殖民地，决定在美洲建立清教徒之国。

[2] 泛指新美国人，在此指新英格兰及北部一些州的美国人。

的岩石作斗争，这样的环境培养了他们努力拼搏的习惯，从而也增强了他们的创造力。

美国剧评家爱金生（Brooks Atkinson）说，导致如此"显著不平等"的，是创造力提供的"驱动力"——而不在于天赋的差异。

讨论话题

1. 有什么证据表明创造力是一种人皆有之的天赋？

2. 有什么证据表明创造力不会随着年龄的增长而衰退？针对这个话题进行讨论。

3. 男性真的比女性更富有创造力吗？如果这个观念不属实，原因是什么？针对这个话题进行讨论。

4. 智商最高的学生就一定能想出最新颖的点子吗？对原因进行讨论。

5. 你认为扬基人的聪明才智是遗传使然还是后天养成的呢？陈述你这么认为的理由。

练习

1. 如果这门课让你来教，课程进行到现在，你会为同学们提出什么问题来解决呢？

2. 如果你前面的学生从椅子上跌下来昏倒了，你会立即采取什么行动？在此之后呢？

3. 记下你从今天早上醒来后遇到的每一个发挥创造性想象力的机会。

4. 写出至少3个例子，说明你或你的家人朋友是如何利用自己的聪明才智挽回局面、化险为夷的。

5. 将能为粉刷房屋的刷子想到的每一种用途都写下来。

第七章

第一节
开发创造力的方法

古斯塔夫·福楼拜（Gustave Flaubert）曾说："创造力掌握在我们手中。"我们的创造力天赋可能因废弃不用而枯萎，抑或，通过最有助于培养想象力的活动和锻炼，使之强大。

创造的才能是可以开发的，这毫无疑问。心理学家们在很久以前就接受了这样一个原则：任何基本能力都是可以训练出来的——即便是普通的潜能，也能通过锻炼得以开发。通过练习心算，成年人的计算能力可以提高一倍以上。至于锻炼对记忆的影响：通过练习，许多人的记忆力都提升了一倍。

即便是明显的情绪特征，也可以通过锻炼得到改善。我们越是实施善举，就会变得越善良。表现得兴高采烈，我们自己也会变得更加快乐。即使是幽默感，也可以通过训练培养出来——至少，佛罗里达大学的师生是这么认为的。事实证明，这所大学的幽默感实验课程效果非凡，如今，这门课已经成为学校课程的永久科目。

身体需要锻炼，同样，开发头脑也离不开锻炼。华特·迪士尼（Walt Disney）建议我们将想象力当作大脑的肌肉。卡雷尔博士说："一块肌肉越锻炼就越发达。活动不但不会磨损它，反而有增强的效果。就像肌肉和器官一样，智力和道德感也会因缺乏锻炼而萎缩。"

莎士比亚所谓的"优质锻炼的丰富益处"，意思是说，练习的价值有高低之分。当然，还是采取实际行动最为有效，即努力与想象的实际结合。因此，创造力是可以维持或恢复的——"实际上，创造力是可以通过刺激而得到提高的。"哈里·艾伦·奥弗斯特里特教授和他几乎所有的学生都这样认为。

第二节
经验为想法提供燃料

想要提高创造力，不仅要锻炼头脑，还要让能够形成创意的材料充满大脑。而经验，则是想法最丰富的燃料。

第一手的经验提供了最为丰富的燃料，因为这种经验更容易留在我们心中，并在需要时喷薄而出。但像肤浅的阅读、聆听或旁观这种间接体验，提供的燃料要微薄得多。

12 岁时，托马斯·阿尔瓦·爱迪生（Thomas Alva Edison）在大干线铁路的火车上售卖糖果。不到 14 岁时，他便出版了一份报纸。他在业余时间从事蔬菜买卖，十几岁时便开始在电报局工作了。他学到了许多第一手经验，22 岁时，他对债券报价机进行了改善，并以 4 万美元的价格卖给了西联汇款。这样的第一手经验，也让我们更加理解了爱迪生何以在创意方面有着如此高的成就。

旅行是一种很容易激发想象力的经历。高光时刻在我们的记忆里久久萦绕，并对我们的联想能力起到巩固作用——即便在多年之后，我们仍会灵光一闪。而若没有去过某个地方，没有看过某样东西，这种灵感就无从诞生。

旅行对于创意的价值，取决于我们投入其中的努力。许多年前，我的合作伙伴布鲁斯·巴顿环游地球，并在途中坚持记日记，不仅记录他的经历，也记录每天产生的想法。这些日记大大提升了那次旅行的附加价值。就在几个月前，我还看到他拿起那本日记，从中摘取一些自己的想法，用在他为全美 50 多家报纸撰写的每周社论中。

在来往于各种独奏会的旅途中，钢琴家兼作曲家珀西·格兰杰（Percy Grainger）创作出了许多作品。他一边作曲，一边吟唱、哼曲儿、吹口哨。这样的创作如果在普尔曼豪华火车的车厢进行，或许只能勉强值得称赞。但格兰杰总是搭乘座席客车，在那里，集中注意力几乎是不可能的事情，在那种环境里吟唱、哼曲儿和吹口哨，必会引来同行乘客的窃笑。

一位将要和两个儿子共同搭乘 10 小时座席客车的女士，尤其担心他们会用"妈妈，我现在该做什么"的问题对她进行连番轰炸。因此，她一开始就告诉两个儿子："给你们两个本子和两支铅笔。把你们能想到的所有能在坐火车时做的事情写下来。你们每写出一个好点子，我就给你们 10 美分。"结果，她给 10 岁的儿子发了 2.3 美元，给 7 岁的儿子发了 1.2 美元。我看过两个儿子想出的 35 个点子。其中的一些简直值得印成小册子，在火车上分发。

时刻强迫自己发挥想象力，这是圣公会主教爱德华·伦道夫·威尔斯（Edward Randolph Welles）所倡导的一种旅行方式。去年夏天，他和他的妻子带着四个孩子到阿拉斯加进行了一次露营旅行。谈起那次经历，韦尔斯夫人说："越是依靠自己，你就越能想出点子。这也是主教和我选择与家人一起旅行的原因之一——去那些偏僻的地方，风餐露宿地生活。我们相信，这种旅行不仅有助于培养孩子的想象力，对于我们做父母的而言也是如此。"

四处周游已使许多人在创造力上得到了大幅提升。美国剧作家尤金·奥尼尔（Eugene O'Neill）就是一个很好的例子。他不仅周游了南美洲，还穿越了大西洋。 就这样，24 岁的时候，他已经积累了一座资源丰厚的"矿山"，可用想象力从中提炼出充斥在他剧本中的黄金点子。

美国作家洛厄尔·托马斯（Lowell Thomas）是另一个通过不走寻常路来丰富自己想象力的人。他最轰动的一次旅行是和儿子一起去中国西藏。小洛厄尔写的这本书，一定会激起读者的想象力。想一想，这些亲身经历对打磨托马斯父子的想象力起了怎样的效果吧！

无论我们的旅行是"远赴重洋"，还是仅仅到郊区一游，都会让我们的经历更加丰富。旅行丰富了我们的知识，而想象力则能够将知识提炼成创意。不仅如此，旅行也能增强自动自发的联想能力。除此之外，旅行还会开阔我们的思维，由此推动创意的形成。

人与人之间的交流互动也能极大地丰富和激发想象力。在幼儿时期的接触，效果尤为明显。

那些因职业之故经常接触孩子的成年人便是活生生的例证，他们让我们看到，成年人可以通过在工作中与孩子相处而提升想象力。幼儿园以及低年级教师的创造力简直达到了出色的程度，能力测试的结果表明，与其他职业族群的人相比，他们中有 58% 的人都在想象力领域获得了超高分。

想要让孩子在创意上给予我们最大的帮助，我们就得尽量用孩子的方法进行沟通。心灵交流是必不可少的，而我认识的一位女记者就是这样做的。为了维持想象力的灵活，她会和她的孩子们一起想出各种比喻。周日下午一起开车出游时，他们会玩一个试着将所见的东西描述出来的游戏——不是用文字描述，而是用联想的方式。

"弗莱迪，这片山谷让你想到什么了？"

"嗯，妈妈，田野的布局让我想起了汤米床上的被子。"

"一排排的田野，就像我们的彩色积木。"7 岁的约翰尼大声宣布。

蓬松白云密布的阴天，成了无尽想象的来源——仿佛天上满是印第安酋长、水牛、鸟类和鱼儿。夕阳变成了"草莓汽水，最后又渐变成了巧克力"。

鲁道夫·弗莱什（Rudolf Flesch）博士指出，通过与孩子接触为创造力所带来的价值，在很大程度上取决于成年人的态度："如果你试着用居高临下的姿态对孩子说话，他们很快就会看穿你的心机，不让你继续说下去。"但是如果能将成年人想象力所造成的负担放下，你就能与孩子一起进入一个美妙的世界！

第三节
玩游戏——解决问题

一般人会将大部分闲暇时间花在游戏上。其中一些游戏有助于想象力的开发，其他则毫无助益。

需要静坐下来进行的游戏大约有 250 种。据分析，其中仅有大约 50 种能运用于想象力的训练。

除此之外，我们进行游戏的态度也扮演着重要的角色。举例来说，在国际象棋中，我们既可以成为"照本宣科的玩家"，每一步棋都根据记忆去走，同时，我们也可以让每一步棋成为一种创新的冒险。一位科学家——我认识的棋手中最优秀的一位，他这样告诉我：

"我不是靠死记硬背来下棋，而是不断尝试想出新颖而大胆的方式来取得目标。这不仅让下棋变得更加有趣，也能对大脑进行更好的锻炼。"

一些人声称，与国际象棋相比，跳棋对于创新来说是更好的锻炼。他们同意埃德加·爱伦·坡（Edgar Allan Poe）的观点："在国际象棋中，棋子的行动各不相同，让人眼花缭乱，复杂的棋步被人理解为深藏玄机。而在跳棋中，任何一方的优势都是因其具备更胜一筹的智慧。"

在室内游戏中，"20个问题"①不会为对于那些仅仅回答"是"或"不是"的人带来任何创造力的训练，但提问者则必须为了寻找备选方案而绞尽脑汁。猜字谜是一项更好的练习，经过艾尔莎·麦克斯韦（Elsa Maxwell）的改进后，这项游戏现在已经有了属于自己的名称。猜字谜让所有参与得到了锻炼创造力的机会。游戏不仅挑战了表演者的独创性，也会让猜字的观众开动脑筋想象每个手势和面部表情的含义。

户外活动能够或多或少地帮我们开动脑筋，其效果也取决于我们参与活动的方式。举例来说，在棒球中，捕手必须最大限度地发挥其想象力。在做出蹲姿之前，他必须要想出一长串的备选方案。球队的整体战略都要围绕他一个人。捕手所接受的创造性训练，通常会在日后的生活中换来回报，一长串晋升为大联盟卓越经理人的捕手名单，便是很好的例证。

---

① 20个问题是一个有助于演绎推理和创造力的游戏。游戏中，一位玩家被选为回答者，并选择一个主题。其他玩家都是提问者，他们轮流问一个问题，由回答者以"是"或"不是"来回答，由提问者来猜回答者选的主题是什么。

对于橄榄球比赛，在球队处于进攻状态的每一分钟，四分卫都必须将创造性想象力调动起来。他的判断在很大程度上或许是直觉使然，但是，即便在走回去与团队"聚商"①前，一位优秀的四分卫也必须全力调动创造力，思考下一次进攻该如何布局。体育记者们也认识到这一点："他的进攻指令大胆而富有想象力。"诸如雷·瑞恩（Ray Ryan）对唐·霍兰德（Don Holland）的描述，大家经常会看到被运用在四分卫的身上。

播报钓鱼新闻的奥利·霍华德（Ollie Howard）说，钓鱼比其他任何运动都更能发挥创造性想象力。霍华德先生说："从生死问题取决于原始人想象力的石器时代，到人人自诩为艾萨克·沃尔顿（Izaak Walton）②的今天，捕鱼的成功都依赖于垂钓者对创造性智慧的运用能力。"

托马斯·爱迪生的儿子查尔斯说，他的父亲深信，解谜绝对是一种对于创造力的锻炼。当今，《纽约时报》周日版上的填字游戏等途径，让我们将创意练习与放松结合起来了。想要解开这些谜题，我们就必须往各个方向灵活动脑。让脑筋活动起来，这才是最重要的，而此举本身就是对我们创造力的增强。

"双离合诗"游戏是一种更加费脑的练习，这是由 80 岁的伊丽莎白·金斯利（Elizabeth Kingsley）发明的一种游戏。她说："仅凭知识是无法解决我的双离合诗的。我创作这些离合诗的最主要目的，就是让它们调动人们的创造力。"

创建和破译密码是一项更为困难的练习。人们将这种"黑暗科

---

① 指美式橄榄球中团队在进攻前抱在一起、商议战略的小会。
② 艾萨克·沃尔顿，英国作家，代表作为《钓鱼大全》。

学"般的绝密通信方法当作消遣，这种行为的历史简直与埃及一样古老。对密码有兴趣的民众不仅将自己的创造力发挥到了极致，同时也是为参与美国国防而进行自我训练。当战争全面来袭时，这其中的许多民众几乎在一夜之间便承担起了重要的职责。

第四节
爱好与艺术

人类已知的爱好有 400 多种，其中许多与创造无关，反而只牵涉索取。收藏的兴趣爱好往往只能构建知识和鉴赏力，却无法刺激想象力。既然各种爱好所提供的创造性练习在功效上相差悬殊，我们更应选择那些需要调动想象力的爱好。

总体来说，手工艺制作要比收藏更能锻炼创造力。大脑活动与相应的手工制作之间似乎存在着相互影响的关系。英国数学家和哲学家阿尔弗雷德·诺斯·怀特黑德（Alfred North Whitehead）说："手工艺的废弃，是造成贵族大脑越发迟钝的原因之一。"

如果我们能在构思设计的同时将构思付诸实践，那么手工艺品就会对我们的创意起到更加积极的作用。制篮、压花、木雕、金工、黏土造型和其他许多类似的手工都是如此。把废品制成有用或可以用来装饰的用品，同样也是对创造力的挑战。在一本新出版的书中，伊芙琳·格兰茨（Evelyn Glantz）展示了她用木块、纸屑、布头、废瓶、废盒和其他废品制作出的 401 件好用之物。有了民间手工艺家彼得·亨特（Peter Hunt）所著的《工作手册》的指导，任何人都可以"无中生有，有所创造"，并在创作的过程中为创意能量找到一个快乐且能够盈利的出口。

我们可以积极培养新的爱好，从而对想象力进行有力的锻炼。在通用电气研究实验室的玻璃制造部，我就见过这样一个人。午餐时间来临，一位年轻的科学家却"工作"不止，原来，他在用玻璃制作轮船模型。对他的想象力来说，这是一项多么严酷的训练啊——先想出设计方案，然后再不断想办法用熔化的二氧化硅制造帆、桅杆和绳索！

美国作者阿尔弗雷德·爱德华·牛顿（Alfred Edward Newton）建议说："养成一对可以安全兼顾的兴趣。"许多创意丰富的文学巨匠也都遵循了这一理念。维克多·雨果（Victor Hugo）不仅制作家具，而且还发明家具。他不仅画画，还乐于用一片未干的墨水挥洒成一幅迷人的图案。他快速画成的作品之一，是一张蛛网上的黑蜘蛛，蛛丝上还爬着几个小如尘埃的恶魔。

亚里士多德说过，美术需要调动想象力，"才能使某些东西栩栩如生"。音乐、雕塑、绘画甚至观赏性舞蹈都是如此。但是，艺术对于创意的益处，取决于我们对待这门艺术的态度。比如说，被动听音乐时，我们只是为想象力渲染出一种情绪，但在尝试作曲时，我们却是在积极锻炼自己的创造力——一位名叫尤金·麦奎德（Eugene McQuade）的纽约律师就是这样做的，他常常会将通勤火车上的时间用来谱写曲子。

借助绘画和素描，想象力不可能不挥洒。笔刷、钢笔或铅笔的一笔一画，都会将联想这种与生俱来的能力调动起来。美国画家尤金·斯派克（Eugene Speicher）把绘画比作触电。他说："触摸画布的一部分，其他部分立马便会发生变化。"

第五节
阅读激发创造力

正如弗朗西斯·培根（Francis Bacon）所说："读书使人渊博。"阅读为想象力提供了充饥的面包和咀嚼的骨头。但是，要想使阅读发挥最大效用，我们必须有所选择：关于阅读什么，或许有这样一个好标准，那就是一个简单的问题："这本书为我的创造性思维提供的锻炼有多有效？"

狄更斯（Dickens）、大仲马（Dumas）、康拉德（Conrad）和吉卜林（Kipling）的作品都能激发我们的想象力。然而，大多数次等小说提供的，不过是一时痛快的逃避而已。相比之下，高质量的悬疑小说可以为我们的创造力提供很好的锻炼——如果我们在阅读过程中将自己当成参与者而不是旁观者，尤其是一获得线索就暂停下来，试着思考"谁是凶手"。

短篇小说之所以短小精悍，主要是因为它们留出了很多想象空间。要想从中获得最有效的创意练习，我们不妨先读前半段，然后构思并写下后半段的梗概，以此在智力上"先作者一步"。模仿欧·亨利（O. Henry）陡然逆转式的结尾，无异于为我们的想象力提供了一项强有力的训练。

"最有价值的阅读形式是阅读传记"，美国牧师哈里·爱默生·富斯迪（Harry Emerson Fosdick）这样评价道。任何值得出版成书的人生，都定能展示出令人惊叹的创意。阿尔伯特·G. 巴策（Albert G. Butzer）博士认为，对于那些用正确方法进行阅读的人来说，《圣经》便是开发创意的源泉。美国作家威廉·莱恩·菲尔普斯（William Lyon Phelps）也推荐通过阅读《圣经》进行心智训练。

在期刊中，华特·迪士尼推荐的是《读者文摘》，他是这样说的："你的想象力关节或许已经变得老朽、软弱、萎缩或是僵硬。而《读者文摘》就像是一座想象力的体育馆。"《国家地理》和《假日》等旅游杂志有助于我们填满想象力的油箱。女性杂志不仅能为读者带来这些益处，还常常登载能够激发创造力的文章。而《大众科学》这样的期刊，则塑造了一种充满创意的氛围，也为新的创意提供了一个展示的平台。

太多的人在阅读时只会将自己的思想当成海绵。耶鲁大学的艾略特·邓拉普·史密斯不赞同如此消极的方法，而是提倡积极努力，鼓励人们投入足够的精力去"锻炼创造性思维的力量"。乔治·萧伯纳则更胜一筹，在打开每一本要阅读的书之前他都会先写出自己的提纲。

在《如何阅读一本书》中，莫提莫·阿德勒（Mortimer Adler）对信息和作为阅读结果的启发做了区分——这二者之间的不同，决定了阅读对于培养创造性想象力的功效。想要得到启发，我们就需要边阅读边思考。这样，更多的想法才能在阅读过程中"找到我们"。而激发这些想法的段落本身，往往与我们产生的创意毫无关系。

在边阅读边做笔记时，阅读对于创意的锻炼效果要显著得多。首先，这种做法需要我们付出更多的精力。阿尔伯特·毕格罗·潘恩（Albert Bigelow Paine）在马克·吐温传记中写道："他将自己最常阅读的书籍放在身边的桌子上、床上以及弹子房的书架上。所有的书上，几乎所有的书上，都写着各种注解——随意自发记下的旁注，标题处的简介，或是结尾处的评注。这些书他读了一遍又一遍，每次重读，他几乎都有话要说。"

　　创造力领域最重要的导师休斯·米恩斯（Hughes Mearns）有如下总结："正确的阅读方法应该富含营养。那些被剥夺了阅读营养的人们，或许会在日后遭受'短寿'的风险。诚然，我们不得不承认，丰富的经验是一种极其接近阅读本身的替代物，许多人也的确能凭借经验获得精彩的人生，但是，这个过程要比阅读漫长许多。"

第六节
写作是一种创意的练习

　　写作同样能对想象力的训练起到显著的作用。科学测试将"写作能力"作为创造能力的一项基本指标。英国作家阿诺德·本涅特（Arnold Bennett）坚称："写作练习是提高思维效能所不可或缺的一项实实在在的努力。"

　　想要写作，我们无需是"天生的"作家。每位作家都是从业余爱好者起步的。在成为作家之前，马修·阿诺德（Matthew Arnold）只是一名死气沉沉的督学。英国小说家安东尼·霍普（Anthony Hope）曾经只是一位姓霍金斯[①]的律师。英国作家约瑟夫·康拉德（Joseph Conrad）当了16年的水手后，才发现自己是小说家。柯南·道尔（Conan Doyle）原是位医生，凭借业余爱好创造了夏洛克·福尔摩斯这一角色。与之类似，苏格兰小说家阿契鲍尔德·约

---

① 安东尼·霍普原名安东尼·霍普·霍金斯，以安东尼·霍普为人熟知。

瑟夫·克罗宁（Archibald Joseph Cronin）也是一名家庭医生，老奥利弗·温德尔·霍姆斯也是。英国散文家查尔斯·兰姆（Charles Lamb）曾经在东印度公司任职，然后开始靠写作以打发无聊的时间。加拿大幽默作家斯蒂芬·里科克（Stephen Leacock）曾在麦吉尔大学任教多年，后来才发现他的羽毛笔有逗乐读者的魔力。美国诗人亨利·沃兹沃斯·朗费罗（Henry Wadsworth Longfellow）曾是一名语言教师。英国作家安东尼·特罗洛普（Anthony Trollope）曾担任过邮政督察。美国小说家赫尔曼·梅尔维尔（Herman Melville）则在海关默默无闻地工作了 20 年。

近期的调查显示，有近 250 万的美国人正在尝试着靠写作赚钱。其中的大多数人都太贪心于一蹴而就，一定会以半途而废而收场，也就是因挫折而收手。但是，《作家》杂志的编辑 A. S. 布拉克（A. S. Burack）却认为，能长期坚持胜利的人也不在少数。他估算道："每有一个作者中了头彩，名利双收，就至少还有 30 到 40 人能通过每天几小时的写作获得可观的收入，或为自己的主业收入提供一笔增补。"

一些非常成功的作者仍然坚持着自己的固定工作。爱德华·斯特里特（Edward Streeter）是《迪尔·梅布尔》和《新娘的父亲》的作者，他很早就当上了银行家，尽管他的作品洛阳纸贵，但现在的他仍在纽约一家信托公司担任副总裁之职。

如果能活用我们的想象力，遭拒便不会总是导致绝望。原因之一就在于，我们可以设身处地地体会最伟大的作家的体验，领悟他们是如何在接二连三的拒绝中越挫越勇的。威廉·萨默塞特·毛姆从 18 岁开始写作，足足 10 年过后，他才得以靠卖出去的作品维持生活。

即便我们从未尝试过专业写作，仍有许多形式的业余工作可以打磨我们的创意头脑。即便是写信，如果做法得当，也能让我们的创意得到有效的锻炼。

我有一位年轻的友人通过为杂志漫画配写搞笑台词来锻炼自己的创造力，有的时候，他的台词要比编辑选登的更加精辟。还有一位朋友会从杂志上撕下一张图片，然后根据图片写出一则短篇故事。一位女士经常觉得广播里的广告让人难以忍受，她则会偶尔尝试用让自己觉得顺耳的方式重写广告内容。

一位从未写过任何东西的工业工程师报名参加了布法罗大学的创意课程。他的导师罗伯特·安德森（Robert Anderson）让他写一则儿童故事。我读过这位名叫博伊德·佩恩（Boyd Payne）的工程师交上去的手稿。这是一则关于一只小鸡的灰姑娘式的童话——名叫《小鸡灰姑娘》。场景设置在"鸡笼城"，主要角色是住在鸡冠大道的"绒毛鸡"和"公鸡布鲁斯特"。这个故事会让任何一个孩子读过之后笑逐颜开。这件事也向我们证明，几乎每个人的身上都隐藏着写作的天赋——即便是那些从没有过写作经验、也从未想过自己能够写作的人。

另外，我们也可以通过文字游戏来锻炼想象力。比如说，想出意思相近且更加简洁和巧妙的用词，也可以作为一项很好的创造力练习。

一群不同年龄的人花了一整晚的时间琢磨如何用不同的方式表达"浅薄"，他们让我们看到，寻找同义词可以作为一项有趣的游戏。除了同义词词典中列出的词语之外，我们又另外挖掘到了27个同义词。我们想到的一个很有画面感的词语是"马背"，在"马背上就匆匆完成的调查"的画面，无疑要比"浅薄的调查"更加生动。

这样的游戏也很适合两人一起玩。我的两位年轻同事决定一起想出"机敏"的同义词。他们知道，我和一位教授共想出了38个，因此，两个人决议要打破这个纪录。胜利落到了他们头上。在（火车上的）三个小时内，两人为"机敏"列出了72个意思相同的单词、短语和比喻——这要比阿诺德·韦尔杜因（Arnold Verduin）教授和我在一个小时内想出的成果多了34个。

构建比喻也是一个很好的练习。这些比喻可以像我和友人共同想出的比喻那样简单明了："像比基尼泳衣一样薄""像给猫洗澡时用的洗澡水一样浅"。抑或，这些比喻中也可以包含具有讽刺意义的反转，比如说，美国诗人多萝西·帕克（Dorothy Parker）就曾将浅薄比作"只体验A到B，而不顾C到Z"。在著作《思考的教育》中，朱利亚斯·波拉斯（Julius Boraas）就强烈推荐将比喻作为对创意的锻炼。

在这一章中，我们列举了一些不但可以防止想象力衰退，甚至可以促进其增强的方法。不过，我们暂时忽略了所有创造力训练中最有成效的一种方法，这，就是解决实际问题。在接下来的章节中，我们会进行讨论。

⃝讨⃝论⃝话⃝题

1. 在你经历过的所有旅行中，最能激发想象力的是哪一次？分析个中原因，指出为什么其他旅行未能激起你的想象力。

2. 孩子"假扮"角色的时候，你认为是应该鼓励还是劝诫？谈谈原因。

3. 你在多大程度上同意培根所说的"读书使人渊博"这句话？

4. 你觉得你有能力写书吗？分析能与不能的原因。

5. "越是实行良善，你就会变得越善良"，这句话是对还是错？谈谈原因。

⃝练⃝习

1. 在纸上泼一片墨水，然后迅速吸干。将与这片污渍相似的东西列出来。

2. 从一本杂志上剪下6幅漫画，把原本的标题隐去。为每一幅漫画想出一个新标题。

3. 用不超过100个单词写一个原创儿童故事的大纲。

4. 列出你能想到的用来代替"荒谬"的所有单词、短语和比喻（包括俗话）。

5. 这是一个阴雨而寒冷的日子。想出10种能让一位8岁儿童通过想象力在室内自娱自乐的方式。

第八章

第一节
我们所处的新环境及其对创造力的影响

对于我们这些从事非创造性职业的人来说，当今的环境为想象力提供的锻炼机会少之又少。而大约一代人之前，情况却截然不同。无论从事的职业是什么，我们绝大多数人的祖先都要在环境的驱使下时刻发挥创造力。即便不刻意主动锻炼想象力，他们也能维持想象力时刻得到训练的状态。

促使我们的祖先充分发挥创意才能的动力，一部分来自环境，一部分来自遗传。埃德娜·洛尼根（Edna Lonigan）认为，这种干劲主要来自"那些离开阴霾的小岛冒险谋生的英国海员，他们学会了应对这份陌生而古怪的职业，在他们的职业中，失败就意味着死亡"。

来自英国的前辈们，是第一批让聪明才智充斥美国民族血脉的人。随着时间的推移，几乎所有国家都为美国的传承添砖加瓦。懒惰而缺乏想象力的人们对于来自新美国的号召充耳不闻，而同样的号召在更有进取心的人们听来却有如号角般响亮。这些人中，被美国政治家保罗·霍夫曼（Paul Hoffman）称为"永远追求更好的、不满足、朝气蓬勃而具备开拓精神之人"的那一批踏上了美国的国土。这种精神的本质便是勤奋。而这种精神的结果，则是一种培育创造性想象力的大气候，这一点，在世界上任何地方都是前所未有的。

之所以用"扬基"作为美国人聪明才智的代号，其中有着充分的理由。迄今为止，新英格兰人在创意上对美国的早期发展做出了最大的贡献。阿诺德·汤因比说："新英格兰人的家乡，是世界上居住条件最为艰苦的国家。"这些人的创造力，是因不得不克服障碍而建立起来的。

在美国的殖民时期，英国议会几乎将美国的所有制造业叫停。因此，当新英格兰人在 19 世纪初开始工业化时，他们几乎没有任何经验作为指导。几乎每一个制造商品的细节都需要精心构思——就仿佛商品生产是这个世界上从未有过之事。就这样，人们迸发出一个接一个的想法，也构想和建立出一家接一家的企业。

美国西部的开放，为我们的创造性工作带来了另一股动力。这些富有想象和进取心的兄弟姐妹们又一次离开了他们舒适的家，像他们的欧洲祖先一样向西进发。像祖先一样，他们也必须将自己的肌肉和思维推向极限，否则便要面临失败；他们必须想出新的办法来解决新的问题。在逆境的石砾上，他们的创造性本能被磨砺得更加敏锐。

与此同时，我们的许多祖先不得不成为万事通，在此过程中，一种前所未有的创造力也随之迸发了出来，佛蒙特州的年轻铁匠托马斯·达文波特（Thomas Davenport）就是个典型的例子。他先是发明了电磁铁，又在此基础上发明出电动机，从而改变了世界。他从未受过电力学或其他科学方面的训练。从 10 岁起就开始从事成年人工作的他成了一名铁匠的学徒，在无薪条件下一直干到 21 岁。他读了很多书籍，但最重要的是，在想象和意志的指引下，他利用自己的双手创造出许多发明。正是由于有达文波特这样的人，大规模生产形式的工业革命才得以出现。

第二节
城市化和想象力

德国哲学家奥斯瓦尔德·斯宾格勒（Oswald Spengler）表示：
"国家孕育了城镇，用自己最珍贵的血液予以滋养。而今，巨大的城市却将国家吸干耗尽，贪得无厌而不知终止地要求和吞噬着新鲜的人流。"

50年前，三分之二的人生活在农场和农村，而今，近三分之二的人挤到了大都市区域。城市居民超过70%的那一天，已近在眼前。

都市生活往往会耗尽所有人的想象力，除了少数从事艺术工作和在商业及科学工作中负责创意环节的人。比起在农场工作的人，大多数从事常规工作的人的创造力要匮乏得多。证明非城市背景更有助于培养创造力的一个证据是，在《世界名人录》中，出身农村的领导人人数高得不成比例。

最近，在卡内基基金会的资助下，一个由教育工作者组成的委员会进行了一项为期五年的调查，调查内容是那些优秀创新科学家的出生地和经济背景。在阐述委员会的调查结果时，《新闻周刊》的社论评论道："调查的结论是，创造性研究是一项草根事业……哪里的人们对拓荒时代的记忆挥之不去，这种研究就会在哪里蓬勃发展。"

绝大多数的都市居民都没有必要成为工匠。"在拐角处"就有修理管道、糊墙、粉刷房子样样精通的专门人士，只需招来就行。

电话和汽车的飞速发展传播了专业知识，从而也导致了创造力的普遍衰退。在汽车出现的早期，汽车驾驶员只需要"钻到车底下去"就能进行修理,但现在,一旦汽车抛锚,我们就会打电话到最近的修理厂叫拖车来。即便职业驾驶员也不再调动自己的机智去解决汽车故障了,一个被堵塞的火花塞就足以让当今大多数出租车司机手足无措。

无论是在农村还是在城市,广播都让听众不必再开动脑筋,从而破坏了人们的创造力。除了电影制作人之外,电影也不再磨砺人们的脑力。当今的谈话,往往被漫画内容和平均击球率所占据。我们的父辈把许多闲暇时间花在讨论甚至辩论上,这有助于将他们的头脑打磨得更加敏锐。而今,我们中的大多数人只会从评论员和专栏作家那里获得二手意见。

亚历克西·卡雷尔博士说:"现代文明似乎无法培养出具备丰富想象力的人。"而且,如果斯宾格勒的话是正确的,那么美国文明最具破坏性的一个阶段,就是人们从乡村向城市的大批迁移阶段,由此产生的所谓"都市化",则会导致创造力的枯萎。

第三节
创意激情的衰减

和我们的祖先以及世界其他地区相比,几乎所有的美国人相对来说都是富裕的。安逸的生活不仅会麻痹我们的创造力,还会让我们对那些"敢于发表不同意见"的人满腹怨言、嗤之以鼻。这种态度,往往会使被嘲笑的对象和嘲笑者的创造力双双受限。

曾经,团队精神会对勤奋努力的人起到鼓励的作用。"有进取心的人"曾经被人们敬仰；领跑者则会受人赞誉。然而，当今的情况却绝非如此，甚至与之相反，比如说，一位想为家人多赚些钱的焊工就曾因工作"太努力"而被所在工会罚款。

最近的民意调查显示，超过一半的美国人不再相信努力工作会带来回报。这种理念对创造力构成了实实在在的威胁。因为，对努力工作必有回报的信念能使我们的人民富有创造力，而这种信念的丧失，则会极大地抑制他们创造的意愿。

最新出现的"为什么要努力"的理念中包含着一种"不要冒险"的情结。几乎每一项针对高中毕业生职业喜好的调查，都会将公务员写在列表的首位。法国化学家亨利·勒夏特列（Henri Le Chatelier）认为，导致法国衰落的原因之一，就是一种与之类似的、对于安全舒适职位的狂热追捧。

在创意激情的衰退上，税收也"功不可没"。1909年，当参议院针对所得税进行辩论期间，一位议员宣称，如果"山姆大叔"① 可以从一个公民的收入中拿走1%，他就会拿走10%甚至50%。对此，参议员博拉愤怒地回答说："这种说法是无稽之谈。美国人民是永远不会支持50%的税率的。"而今，最高收入的所得税竟已高达94.5%。

高税收主要是由战争引起的。两次世界大战虽然的确激励了创意十足的美国科学家的发明创造，但也通过高税收等途径助推了创造力的下降。之前，美国科学实验室的玻璃器皿全都要从德国进口，直到第一次世界大战迫使美国人动用了自己的聪明才智，这个问题才得

---

① "山姆大叔"一名源于1812年美英战争时一位叫塞缪尔·威尔逊（Samuel Wilson）的肉商，他在战争中向美军供应牛肉的桶上写着"EA-US"。由于山姆大叔（Uncle Sam）的缩写恰好也是US，后来成为美利坚合众国（US）的绰号。——译者注

以解决。染料也是如此。

第二次世界大战几乎在一夜之间促成了一连串的创意成就。尼龙已经完善到了足以代替丝绸的地步，而在此之前，美国每年要向日本支付 1 亿多美元进口尼龙。随着天然橡胶的供应被敌军切断，美国被迫生产出了万用合成橡胶。类似的例子，多得不胜枚举。

然而，战争对艺术家和作家产生了毁灭性的打击。美国创作歌手莱斯利·珀尔（Leslie Pearl）说："战争期间，文学和戏剧领域的创造性想象力出现了质变级别的下降，这是人们普遍观察到且广泛讨论的一个现象，几乎已成为不言而喻的事实。"

在第二次世界大战中，超过 1100 万美国人平均服役一年半的时间。他们中绝大多数人很少或从未被要求发挥想象力，只需百依百顺即可。就这样，在 1940 年至 1945 年间，大约有 500 亿小时的时间就在言听计从中流逝。

战争对军事领导人和发明家的创造性思维产生了刺激，但除此之外，美国的这场全球征战所产生的实际效应，便是使美国的创造性逐渐流失。

第四节
教育中的创新趋势

许多教育学家认为，随着环境的变化，应该要求更多的创意训练。有些人甚至担心美国的许多教育计划往往会将想象力扼杀——幼儿园有助于想象力的培养，但中小学却通常会抑止想象力的发展。

在解决这一问题上，纽约州教育研究部主任沃伦·W.考克斯（Warren W. Coxe）可谓一位杰出的领导者。现在，他的工作人员将大部分精力投入在寻求方法和途径上，努力推动该州的学校改善教学计划，让学校不再像以前一样压制想象力，而是更多地鼓励创造力的发展。

一些高等教育权威也同样关注这个问题，部分原因是科学测试显示，按理来说大学毕业生在创造力方面应该比没上大学的人更胜一筹，但事实却并非如此。乔伊·保罗·吉尔福德博士表示，关于当研究人员的大学生，最普遍的怨言就是："他们的确能把分配到的任务完成，也能展示出自己所学的技术，但当要去解决另辟蹊径的问题时，他们却一下子措手不及了。"这一矛盾，已由布鲁金斯学会的一项研究证实。

一个充实的头脑当然是创造力不可或缺的要素，因为事实是创意的必要条件。但是，填鸭式的教育却潜藏着巨大的危险。在《教育的目的》一书中，阿尔弗雷德·诺斯·怀特黑德警告说："我们必须警惕我所说的'惰性观念'——这些观念被人们仅仅吸收到大脑中，但没有经过运用、测试或重新排列组合。"然而，几乎每一门课程都只将这种数据的吸收和保存视为重中之重。

创造力的另一个阻碍因素，是一位教育家所说的"学术态度，即以牺牲创作冲动为代价，获取一种逆来顺受的容忍和学究气十足的视角"。事实上，创意的产生通常需要一种近乎非理性的热情——至少在事实证明我们偏离了靶心之前都是如此。查尔斯·凯特林认为，即使是失败的想法，也可以成为触及宝贵创意的垫脚石。

"被动接受是当代教育中最危险的陷阱"，这是一群大学教授得出的结论。想要抵御这种遏制力，学生们需要对努力的意义作出一个真正准确的评价，尤其是努力对于创造力的效用。正因如此，一位英语教授才不辞辛苦地驳斥了流行的作家特质"与生俱来""下笔有神是自然使然"的观点。他引用作家的自传作为驳倒这一观点的证据。他认同英国博物学家托马斯·赫胥黎（Thomas Huxley）的观点，也认为教育的根本目的是让学生明白，他们能获得的最有价值的特质，是"无论是否愿意，都能让自己在该做的时候去做必须要做的事情的能力"。

纽约州立教师学院艺术教育系主任斯坦利·扎尔斯（Stanley Czurles）表示，在通常情况下，大学预科教育往往是反创意的，即便在艺术教学中也是如此。他曾说过："一个孩子在上学之前是非常有创造力的。然而，在传统的教育程序下，几乎所有的教学都倾向于压制孩子的想象力。例如，在传统的教学中，所有学生都会得到颜色相同的纸片。学生们被告知如何折叠和做标记，每个人使用的方式都如出一辙，他们又被告知如何以及在哪里裁剪，每个人遵循的步骤都千篇一律。由此得出的结果就是，每个孩子展示出的图样也都是一模一样的。没有想象力的绽放，也没有创造性的迸发。如果让学生按自己的喜好来选择颜色、裁剪和折叠，探索各种可能性，那该多好啊！通过这种方式，我们便能点燃创造的火花，然而，通过实行标准化，我们往往会将创意的火花扼杀。"

一些开明的学校倡导创意训练。一些职业学校也是如此。康涅狄格州的教育专员葛雷斯（Grace）报告说："最近，我访问了我们州的一所职业学校。学校的实验室是用垃圾场的废物、工业废料和社区随处可以捡到的东西建造的。仪器和器具是由学校的男孩子们设计的，实验室也是他们的作品。对于这样的做法，我们需要多多鼓励。每个学校和每个班级，都应该提供创造的机会。"

讨 论 话 题

1. 关于托马斯·赫胥黎关于教育的根本目的的观点，你是否认同？

2. 你是否相信在学校或工作中努力工作会像过去那样"带来回报"？说说原因。

3. 你认为不知足能激发人的创造精神吗？讨论原因。

4. "创造性研究是一项草根事业。"这句话你同意吗？如果同意，为什么？如果不同意，又是为什么？

5. 如果逆境是世界上许多最富创造力的人背后的驱动力，那么在功成名就很长一段时间之后，他们是如何保持和强化自己创造力的呢？

练 习

1. 至少想出5种你曾经或现在就读的学校目前未能实践的、可以巩固学校精神的方式。

2. 请说出5项尚未诞生、但可用来推动世界发展的发明。

3. 你有什么能够让公共汽车为乘客增加舒适和方便的建议？

4. 虚构出你最希望在明天早上的报纸上看到的5个标题。

5. "你的头脑就像降落伞，如果不打开，就派不上用场。"按照上句，补充下文内容："生活就像《圣经》，_____"；"爱情就像飞碟，_____。爱情就像奶奶的眼镜，_____。"（此问题由《伦敦观察家报》提供。）

第九章

第一节
遏制创造力的其他因素

　　某些态度有利于创意的产生，而有的态度则会对创意产生不利影响。路易斯·列昂·瑟斯顿博士表示，对新奇的问题或新颖的想法采取消极的反应会对创意产生不利影响。他指出，运用逻辑，几乎任何观点都可以立即被证明有误。他接着表示："有的时候，这些证据非常令人信服，以至于让人们不禁会想要放弃对新想法进行深入思考。即便这种消极态度是高智商的产物，结果也往往与创造力相去甚远。"

　　我们的思维主要包括两方面：分析、比较和选择的判断性思维以及能够构思、预测和产生创意的创造性思维。判断有助于保持想象力处于正轨上，而想象则有助于启发判断。

　　判断性思维和创造性思维具有异曲同工之处，因为二者都要动用分析和综合能力。判断性思维会对事实进行分解、权衡和比较，将其中一些剔除，将剩下的保留下来——然后将由此得出的因素综合在一起，形成一个结论。创造性的思维基本也是这样运作的，但其最终产品是一个想法，而不是一个定论。此外，判断往往只局限于身边的事实，而想象则必须拓展至未知领域，甚至具有让 2 加 2 大于 4 的魔力。

　　对于普通人而言，判断力会随着年龄的增长而自动增强，但除非我们有意打磨，否则创造力有可能逐渐减弱。各种情况都会迫使我们时刻运用判断性思维。从起床到入眠，从童年到老年，我们一直在锻炼自己的判断力。通过锻炼，判断力将会或者说理应变得更好和更强。

此外，教育对我们的判断力也有增强的作用。90%以上的学校教育都倾向于训练我们的判断能力。还有另一个因素也起到同样的效果，即拥有准确无误的判断力是一种时尚。"他是个了不起的人，从来不会判断失误"，相比于这句话，你听到"这个人想象力丰富，而且还是解决问题的好手"这句话的概率要低得多。

不同情绪难以掺杂在一起，与之类似，判断性思维也容易与创造性思维起冲突。除非加以适当协调，否则两种思维将有可能彼此妨碍对方的发挥。判断性思维的正常情绪大多是消极的："这有什么问题？""那有什么不合理之处？""不，那行不通。"当试图做出判断时，这种反应是正确和恰当的。

相反，创造性思维则需要我们调动起积极的态度。我们必须充满希望，必须热情饱满，必须鼓励自己抱有自信，也必须警惕完美主义的干扰。爱迪生发明的第一盏灯非常粗糙。他可以暂且不将这有缺憾的模型公之于世，然后埋头不断加以改进；或者，他也可以将整个创意付之一炬。这两条路，他都没有选择。他的第一批电灯比蜡烛、煤油灯或煤气灯更好用，于是，他便将这批电灯推向市场，并在此之后不断努力进行改善。

通用电气的昌西·盖伊·苏兹（Chauncey Guy Suits）博士称，积极的态度是"创造力丰富之人的特征"。他敦促大家："养成对新想法说'是'的习惯。周围会有很多人告诉你这个想法行不通的理由，但你先要考虑一下这个想法有什么可取之处。"

如果在适当的时候将判断力和想象力区分开来，二者便可以互相助长。在创造的过程中，我们必须在双重人格之间转换。我们要不时关闭判断性思维并开启我们的创造性头脑。等待一定时间之后，我们才能再次开启判断力。否则，过早的判断可能会浇灭我们创造的火焰，甚至让已经产生的想法付诸东流。

特别是在处理创造性问题时，我们应该让想象先于判断，让想象力围绕主题发散。我们甚至要有意想出那些可行的最疯狂的想法来。因为在这一阶段，我们只是在为自己的思维器官做热身，也就是将想象力的肌肉活动起来。无论看似多么荒诞无稽，都不要对这些初闪的灵光嗤之以鼻，而是要它们记录在纸上。因为你会发现，其中的某个灵感或许会像门锁的钥匙一样管用。

我的一个创造性十足的朋友规定，在想出所有可能的创意之前，先要排除外界的评判。对于那些过早挑毛病的人，他会说："我不需要你的评判，现在还为时过早。我需要的是更多更好的主意。你有什么建议吗？"即便将目光拓展至整个世界的发展进程，大众理念形式的判断也会阻碍科学的进步。正如詹姆斯·布莱恩特·科南特博士所说，"一个根深蒂固的概念可能会成为接受新概念的障碍。"

需要记住的一点是，在大多数创造性工作中，在确定是否要提出问题以及提出什么问题之前，我们没有必要去比较各个想法孰优孰劣。在这一阶段的创作过程中，我们应在批评时秉持冷静，在褒奖时有所收敛。在判断时，如果我们能够实际测试，而不是信口表达，那就更好了。个人的判断难免受环境带来的偏见的左右，很少能确保应有的客观。

在过去，为一部电影选择片名时，导演、制片人等人会陷入无休止的争论。但现在，大多数影片的片名都是通过科学测试选出的。在所有提出的片名中，调查人员会将最合适的拿给电影观众们选择。其中最有效的途径，就是让调查人员直接与观众交流。他们记录下张三李四的反馈，然后科学地归结出最终的判断——而这个判断，要比任何一位观众的判断都准确得多。正如法国大主教塔利兰（Talleyrand）所说："只有一种人比任何人知道的都多，那就是所有人。"

第二节
自我打击是作茧自缚

长期担任创意教练的经验让我发现，我们中的许多人都会通过给自己撒气来削弱创造力。如果几乎人人爱泼冷水的现状不改变，我们的创造就总会招来别人的打击。但是，自我打击是一种多么扼杀创造力的恶习，又是多么浪费精力呀！我们应该记住，即使是路易斯·巴斯德这样的伟人也曾踉跄徘徊，世界上大多数真正伟大的思想在初次提出时都遭遇过人们的嗤笑。

自信曾经是美国人的一大特点。以至于我们的英国表亲将我们的祖先视为虚张声势、满口大话之人。仅仅在第一次世界大战之前，美国人还都很崇拜达达尼昂 ① 类型的人物。而奇怪的是，这种风潮已经改变，低调自谦成为优秀美国人的标志。自谦被极度美化，让许多

---

① 法国作家大仲马《三个火枪手》中的中心人物，在巴黎发迹的他勇敢、高尚而有野心，是一位浪漫主义英雄，颇具骑士精神。

美国年轻人几乎羞于提出自己的想法。结果，很多大有希望的好点子在有机会被人听闻之前就被自己的"父母"扼杀。

另一个妨碍创造力的倾向，是对"顺从"的渴望。这其中包含着因循守旧的恶习，而且，"守旧是创造性的一大障碍"。担心"出糗"的心态中，包含着对于"与众不同"的规避。这种情结，成为许多我曾希望为其提供指导的人的绊脚石。冒着说教的风险，我还是要跟他们辩辩道理：

"在别人面前出糗，和对自己出糗，这二者哪个更糟糕？有些人可能会认为你的一些想法是不成熟的，但因为别人的意见而不敢充分利用自己的想法，还有什么比这更蠢的呢？"我试图向他们指出，真正聪明的人对创造持有赞美的态度，因为这些人知道，世界上几乎所有积极的事物都来自那些被许多人指摘为"愚蠢"的想法。

我们把世界上一些最具创造力的人物看作讨人嫌的自我中心主义者，这不仅是一种不幸，甚至更是一种谬误。谬塞尔曼（Musselman）的祖母曾把这位自行车脚刹的发明者称为"一个十足的吹牛大王"。美国微生物学家保罗·德·克鲁伊夫曾经对巴斯德那"可憎的自大"进行评论。至于给人类带来显微镜的列文虎克，德·克鲁伊夫写道："他的傲慢简直可以用'没有上限'来形容。在那个时代，所有认识列文虎克的人都认为他是一个自大狂。"

从很大程度来说，萧伯纳的张扬是他专为吸引聚光灯而设计出的表象所营造的。还是个孩子的时候，他总是惨兮兮地自我贬低。"我深受羞怯之苦，"他写道，"以至于有时我会在泰晤士河堤上来回徘徊20多分钟才敢敲门……没有谁能像我年轻时那样因难掩的胆怯而饱受折磨了。"为了克服自己的胆怯，他学会了在公众面前讲话。在早期的尝试中，他故意拿出一副神气十足的样子，尽管膝盖一直在颤抖不止。

　　事实上，绝大多数著名的创造者都谦虚到了卑微的地步。我认识不少在创意研究领域身居高位的人，而我还没有遇到一个自我评价比别人对其评价更高的。几乎每个人被问及成功的秘诀时，都声称自己的想象力远远不及天才的水平——他们取得的任何成就，都是在不断的失败中通过不停尝试而取得的。

第三节
怯懦容易扼杀创意

　　当我们对自己要求过高时，胆怯所反映出的与其说是谦虚，不如说是自负。一个晚上，我们一群人聚在一起构想一个新的广播节目。我们这些上了年纪的人都有自己的想法，但年轻人却只是聆听。我知道，其中一个年轻人要比我的创造力丰富得多，于是我问他："你为什么不讲讲你的想法？"他的回答或许能让自己满意，但却没能过我这一关："我担心您或许会认为我的想法不如您期望的那么好。"他之所以缄口不言，不是因为觉得自己创意匮乏，而是因为太把自己当回事了。多么可惜呀！在他的想法之中，很可能至少有一个要比我们大多数人的都要高明。

　　从另一方面来讲，我发现胆怯通常源于对自己的创造力发自内心的怀疑。莎士比亚说，这样的"怀疑就是叛徒，让我们因害怕而放弃了尝试，从而失掉了本应获得的美好"。毫无疑问，我们确实具有想象的天赋，或者说，如果愿意，我们有能力把想象力发挥得更加充分。

但即便想出了点子，我们也常常因为犹豫而放弃。多年前，一家大公司的私人秘书过着毫无亮点的生活。他的性格逆来顺受，工作内容也是千篇一律。然而，几年过去，我却眼看着那个人走到了大批人的前面，跻身他所在大公司的前三名。他对自己的成功是这样解释的："在最初的 10 年里，我之所以一无所成，是因为我即使想出了一些想法，也不敢向任何人提出。突然有一天，我下定决心，因为反正最坏的结果也就是遭人嘲笑罢了。在我的一些建议被人采纳之后，我变得大胆起来，以至于无论想出什么点子，我都不会羞于与人分享了。"

如果此人听到并接纳了著名牧师诺曼·皮尔（Norman Peale）博士所说的话，可能就不会白白浪费最初的 10 年了："普通人爱犯一个毛病，就是他们不够坚信自己能够创造和传递想法。"我们需要做的，就是认识到这样一个事实：我们具备创造的潜力，越是实践创造性思维，我们得出的创意也就越多，而能力也会随之增强。

如果能不断进行创造，哪怕创造的东西微不足道，我们往往也能够养成一种习惯。很快，开动脑筋就变得越发简单了。越是尝试创造，我们就越能发自本能去进行创造，正如维克多·瓦格纳所力劝的那样："提出问题，挖掘事实，积累经验，静候时机。在游戏的每个阶段，带着先见之明放眼长远，要知道，2 加 2 可以得出 22、0 和4——将你那天赐的想象力发挥出来，这是最重要的。一旦这种诀窍变成一种习惯——这是必然的，你就会意识到，想象就像信念一样，能够移山，也必定移山。"

在我们着手一个创意项目后，怯懦往往会让我们停滞不前。就连爱迪生在早年时也不得不与这个小恶魔斗争，但在后来的人生中，据一个与他共事的人说:"实验的失败似乎只是一天工作中的一部分,也成了催他继续进行其他实验的信号。"

许多有创造性的科学家都不得不在黑暗中自我打气,鼓励自己走下去。在印度急切寻找攻克疟疾的疗法时,苏格兰医生罗纳德·罗斯(Ronald Ross)撞了南墙,但他非但没有停下来,反而继续前进,直到发现了一条很有希望的线索。为了充分利用这个线索,他从加尔各答向伦敦发回电报,表示他差不多已经掌握了疟疾之谜的答案,在不到几周的时间里,他便会揭开谜题,为古老的英格兰赢得荣耀。事实证明,他对时间的判断过于乐观,但对最终结果的判断却非常准确。

在研究乙烯气体初期,年轻的科学家们去找"凯特林老板"①提出抗议:"我们想在这个世界上做点什么,而不想永远在这个问题上耗费精力,因为我们看不到任何解决的希望。"

那时的凯特林正要去纽约。"给我几天时间考虑考虑,"他说,"等我回来时,看看能不能帮你们想个办法。"在回达顿的路上,他拿起一份上面印着《大学教授发现通用溶剂》字样的报纸。第二天早上,他把这篇文章拿给几个年轻人,告诉他们:"放弃之前,我们最好先试试这个。"

就这样,大家又继续研究起来,而这,也带来了四乙基铅的成功应用。凯特林说:"这个故事的重点是,黑暗的日子总会到来,但如果对课题意义的信念足以让你克服重重困难,勇往直前,那你就很可能取得最终的胜利。"

---

① "凯特林老板"是美国发明家查尔斯·富兰克林·凯特林的绰号。

第四节
鼓励有助创意的培养

"一定程度的反对对一个人有很大的帮助"，诚然，苏格兰哲学家托马斯·卡莱尔（Thomas Carlyle）的这句话说得在理，但是，创造力是一朵细腻娇嫩的花，赞美会使之绽放，而打击则往往会将之扼杀在萌芽之中。如果努力得到赏识，那么我们中的任何人都会提出更多更好的想法。敌意会让人停止尝试。打趣的话也可能是毒药——巴尔扎克有这样一句妙语："在巴黎这座城市中，伟大的想法会因诙谐讽刺而消亡。"想法若得不到赞美，至少也应该得到接受。即便没有价值，也至少应换来继续尝试的鼓励。

当一位老板既能提出好点子又能训练员工具备创造力时，便能发挥最大的效用。当酒店大亨埃尔斯沃斯·米尔顿·斯塔特勒（Ellsworth Milton Statler）将人员从单家酒店的团队扩充为一个全国性大集团的那些年里，相比自己的想法，他更会因为激励别人产生想法而感到自豪。他曾经这样告诉我：

"当我在弗吉尼亚州惠灵的麦克卢尔酒店当行李员的时候，一个主意浮现在脑中，那是我想出的最好的主意。在此之前，我必须提着水桶在楼梯上跑上跑下。我知道，应该有更加便捷的方法，也明白很多客人想要冰水，但会犹豫要不要叫行李员。于是，我便想出了用水管往每间客房输送冰水的主意。现在有了自己的旅馆，我的某个行李员也可以提出同样好的主意，对此我从来也不会忽视。正因如此，我让所有人都知道，我需要他们的想法。当有人提出任何建议时，我都会确保对他们的努力表示赞扬——如果想法在理，他们最终还会得到奖励。我就是用这种方式引导大家不停做尝试的。"

斯塔特勒是从底层开始做起并最终成为老板的。然而，想要引导主管们拥有这样的态度，难度就要大多了。只要管理层能领导主管和领班发挥出创意教练的作用，就必定能打造出一支更快乐且更直言不讳的团队。杜邦公司的欧内斯特·本格（Ernest Benger）表示："在一个组织中，友善能够引导出最好的创意。"对于创造性工作来说，没有什么比肯定和鼓励更有效的了。我们应该尽己所能地鼓励人们拿出更多更好的想法。

许多企业都发现，越是鼓励大家提意见，所得的收效就越好。百路驰公司甚至更进一步，就算对愚蠢的意见也会予以鼓励，以下就是一个被投入意见箱中的愚蠢意见："我建议，出于安全考虑，应该在男女厕所门上安上玻璃窗。因为当两个人迎面的时候，谁也看不见谁，经常会撞个满怀。"受理建议的部门主管巧妙地指出，如果在厕所隔间的门上安上玻璃窗，便会在一定程度上侵犯他人的隐私。在回信的末尾，他写道："不过，只要你有了更多的想法，我们随时洗耳恭听。"

在另一个例子中，一位几乎不会读写的员工突发奇想出一个点子。一位工程师被派去采访他，经过两个小时的耐心打探后，工程师终于理解了这位员工的想法。事实证明，这是一个难得一见的好点子，任何一位工程师都会因想出如此妙招而感到自豪。

通用磨坊已经将赞美设置成了公司的一项政策。副总裁塞缪尔·盖尔（Samuel Gale）会针对杰出的创意提出表彰。他会通过一张顶上印有"每日善举"字样的特制表格向管理人员发布公告，对他注意到的任何值得称赞的事情予以赞扬。大多数大型公司都担心用这种方式公开提名可能会引起嫉妒，但盖尔的"每日善举"只专门针对受到褒奖的人。事实证明，这种机制非常有效。

第五节
亲密关系是最有效的鼓励方式

　　最能对创造力造成伤害的，是来自我们所爱之人的打击。在一个家庭中，赞美的价值最能凸显。父母在对孩子说出哪怕最轻微的打击之词之前，都应该暂停下来，观察和聆听孩子的反应。面对面的赞美能助长孩子的创意，而如果是在向他人表达赞美时被孩子无意中听到，这赞美的力量就更强大了。

　　我们中的大多数人在童年时都很有想象力，但许多人长大后却缺乏创意。其中一个原因可能是，这个国家从整体而言并没有充分认识到思想的重要性。另一个原因是，大多数父母不是时常打击孩子，就是在鼓励孩子的积极性上做得还不够。

　　一位因创造性工作大获成功的朋友告诉我，他从小时候就开始动脑创新了，那时，他向父亲展示了一个自己想出的小工具，能让他不必站在凳子上就能关掉煤气灯。他所做的，只是在一根棍子的顶端锯了一个凹槽。有了这根棍子，他就可以将棍子伸向煤气灯，用凹槽扣住阀门，不必爬高就能将灯关上了。他的父亲告诉他，他的想法很棒，那天晚上吃晚餐的时候，他当着客人的面把故事又讲了一遍，并对儿子的聪明才智大加赞赏。这种鼓励使小伙子意识到自己可以想出各种创意，而且多加尝试是很有趣的。这种理念为他的成功铺平了道路。

已故的大法官奥利弗·温德尔·霍姆斯说，父亲可以在自己的孩子里，选出能在桌前说出最机智话语的一位并提供奖励，从而将餐桌打造为一个培养创造力的训练场。

教育学家罗玛·甘斯（Roma Gans）博士强调，年轻人建立自信心是至关重要的。她还进一步指出，愿意尝试三次并两胜一败的孩子与只愿尝试一次就想做得尽善尽美的孩子是大不相同的。在她看来，完美主义的理念只会对创意造成束缚。

兄弟姐妹们对待彼此的态度大多有些施虐倾向，也经常会拿对方做过或试图尝试的事情当笑柄。想让兄弟中的一方说些别出心裁的趣话鼓励另一方，这或许是痴人说梦，但如果一方能够克制住打击对方的诱惑，便能将伤害降低很多。

叔叔、婶婶和祖父母更倾向于积极鼓励而不是消极打击。我认识的一位男士发现，他5岁的侄子拿着画本和蜡笔到火灾现场将火焰、窗户和救火梯画了下来。这位男士坚信，在对年轻人创造力的激发上，赞美再多也不为过。后来，他给这个小男孩写了一封信，这是小男孩平生收到的第一封用打字机打印的信，内容如下：

"你画的火灾现场写生太精彩了，我把你的画带给办公室的同事们看。他们和我一样，觉得你画的火非常逼真。你喜欢画画，叔叔很高兴，也希望你继续下去。也许有一天你会成为一位伟大的艺术家呢，到时候，我们都会为你而感到骄傲。我准备给你买些新蜡笔作为生日礼物。下次圣诞节，我要让圣诞老人送你一盒颜料。"

想要让我们的意志足以抵抗打击，一个方法就是，意识到绝大多数最伟大的想法最初都会遭人嗤笑。当约翰·凯（John Kay）发明飞梭时，人们认为这是对劳动力的一大威胁，以至于织工们将他包围，破坏了他的模具。当查尔斯·纽伯德（Charles Newbold）提出铸铁犁的想法时，农民们拒绝使用，因为他们认为铁会污染土壤并导致杂草滋生。

1844 年，霍勒斯·威尔斯（Horace Wells）医生成为在病人拔牙时使用麻醉气体的第一人，而医学界却认为这个新的创意只是天方夜谭。当塞缪尔·皮尔庞特·兰利（Samuel Pierpont Langley）建造他的第一台"重于空气"的蒸汽动力飞行器时，报纸将之称为"兰利的愚蠢之举"，并对关于自力推进式飞行器的想法嗤之以鼻。

切记，我们可以通过自我打击来扼杀自己的创造力。也不要忘了，我们也可以用同样的方式浇灭别人的创造力。对我们所有人来说，有这样一种鼓励创意的通用原则，既鼓励大家要天马行空，也要畅所欲言。除此之外，其他方法的效果都不理想，因为创意的本质就是不断尝试、越挫越勇——如果在克服阻碍创造力的所有其他障碍之余，我们还要抵抗冷嘲热讽带来的诅咒，这对于人性的考验未免也太高了。

（讨）（论）（话）（题）

1. 区分判断性思维和创造性思维，并加以讨论。

2. 一个人对于新想法应该抱什么态度？请加以讨论。

3. 在对创造性思维进行判断时，该如何拿捏轻重？

4. 好莱坞制片人将一部文学作品改编成电影时，通常会改换片名。他们为什么要这样做？如何决定怎样更改片名？

5. 为什么打击嘲讽会对创造力产生如此大的威胁？请加以讨论。

（练）（习）

1. 列出 5 个可以被用来进一步减少这个国家对黑人偏见的想法。

2. 如果要教授一堂代数课，那么你该怎么做，才能让学生觉得课程更有趣味和更有意义呢？

3. 写下你观看的上一部电影的片名。然后再推荐另外五个你认为可选的备选名。

4. 埃尔斯沃斯·米尔顿·斯塔特勒因在酒店服务行业的别出心裁而闻名。沿着这条思路，你还能想到什么其他的创意？

5. 我们可以从哪些方面对一般教材的物理特征加以改善？

第十章

第一节
想象力的创造和非创造形式

大学校长唐纳德·考林（Donald Cowling）和卡特·戴维森（Carter Davidson）的研究表明，我们的心智包括以下七种基本能力：

1. 集中注意力的能力。

2. 准确观察的能力。

3. 保存记忆的能力。

4. 逻辑推理能力。

5. 判断力。

6. 联想的敏感性。

7. 创造性想象力。

从功能而言，这些能力彼此重叠。创造力不仅需要观察力，也需要集中注意力；逻辑推理，尤其是综合推理的能力需要运用想象力，只靠判断能力是不够的，除非你能运用判断能力想出"别的可能"和"假设的情形"。

不过，从功能的角度来看，这七种能力可以大致分为四种心智能制，集中注意力在每一种能力中都发挥着重要的作用：

1. 吸收能力——观察能力和运用注意力的能力。

2. 记忆能力——记忆和回忆的能力。

3. 推理能力——分析和判断的能力。

4. 创造能力——构想、预见和产生创意的能力。

在吸收和记忆的过程中，我们的头脑就像一块海绵。在逻辑推理和创造性想象的过程中，我们则会让大脑思考运作起来。

然而，不可否认的是，这种分类仅仅是一种便于理解的粗略估算。事实上，关于人类思维的运作，还有太多的东西有待探索。尽管手术刀正在剖开我们关于大脑灰质的未知混沌，但世界对于激发我们思维功能的因素仍然知之甚少，对于我们大脑的运作原理也似懂非懂。

从另一方面来说，由金属和塑料制成的"电子大脑"现在几乎可以完成人类大脑能做的一切。从某种程度而言，这些电子大脑甚至可以进行一些判断工作。但是，根据哈佛大学计算实验室主任霍华德·哈瑟维·艾肯（Howard Hathaway Aiken）博士的说法，这些机械化的大脑永远无法达到人类思维的最高层次——创造性想象。

第二节
"不可控制"的想象力

想象力这个术语涵盖的范围非常广泛而模糊，以至于一位著名教育家称之为"心理学家不敢涉足的领域"。想象力具有许多形式：有些狂野新奇，有些徒然无益，有些具有一定的创造性，有些则含有丰富的创造性。这些形式可以进一步分为两大类：一种基本上是那些自行发展、时而会与我们步调一致的想象力；另一种是那些我们可以控制的想象力，也就是那些只要我们愿意便可以驾驭的想象力。

不易控制的这类想象力包括幻觉、自大狂、迫害情结和类似疾病等不健康的心理状态。谵妄属于同一类型，但不像前者那么难以根治。梦魇也与谵妄类似。

自卑情结也是另一种形式。直到最近，这些疾病似乎都属于无法控制的范畴。但是精神病学已经找到了缓解的方法，哈里·福斯迪克（Harry Fosdick）博士和亨利·林克（Henry Link）博士利用宗教为精神治疗提供了补充支持。

烈士情结是另一种扭曲的想象，有时也被称为"受害英雄"情结。这包括臆想个人的感情受到了伤害以及将这种伤害扩大至一种病态的自怜。疑病症也是一种类似的疾病，但这种病的受害者会"享受"臆想疾病的过程。

根据约瑟芬·A. 杰克逊（Josephine A. Jackson）博士的说法，导致这些病症的一个基本原因，是"逃避困难的欲望——也就是想通过滥用自己的想象力来逃避现实"。这与弗洛伊德的理论如出一辙："每一种神经症都能导致迫使病人脱离现实生活的结果——因此，这也可能是其目的。"

梦是一种更常见的不受控制的想象。长期以来，这种现象都一直被视为人类思想中最为神秘的领域之一。公元前 5 世纪，赫拉克利特曾说过："清醒的人共同拥有同一个世界；而睡梦中的人则侧过脸去，各自进入自己的世界。"

最难以捉摸的，是我们梦境的速度。我还是个小男孩的时候，患了流感，等到我的体温下降后，父母给我裹暖衣服，让我坐在餐桌前吃饭。我想喝汤，却感觉虚弱无力。我听到父亲开始讲一些关于电车的事，而接下来，我就倒在了地板上。原来是我在昏倒的时候从椅子上摔了下来。我的父亲一跃而起，往他的餐巾里倒了一杯水，然后擦拭我的脸。从我昏倒到醒来之间只隔了几秒钟的时间，但在那一瞬间我却做了好长的一场梦——直到事后还能回忆起细节，如果要将我梦中的事情在现实中重现，得用上好几个小时的时间。那段梦境里的情节，要比一般的戏剧还要丰富。我们的想象力是多么神奇啊！在两秒钟内，我们就能做出相当于 2000 个单词那么长的梦！

空想是非创造性想象力的一种最常见的用途。有时，空想被称为白日梦，对我们中的一些人来说，这就是我们常用的一种所谓的思维形式。空想是不费吹灰之力的，我们只需让想象与我们的记忆携起手来四处徜徉即可——没有规划，也没有方向，除非我们的偏见、欲望或是恐惧硬要设限。

约瑟芬·A. 杰克逊博士警告说，空想也有变得消极的时候，这时的空想"不再像积极的想象那样通过望远镜探查现实世界，而是成为拒绝用肉眼观察世界的被动形式"。维克多·瓦格纳称空想为"逃避日常世界中残酷现实的老鼠洞"，但是对于孩子来说，白日梦是一种自然的行为，而且，相比成年人，白日梦对孩子的健康是没有什么危害的。只需想象自己的愿望成为现实，孩子们就会得到一种纯真的快乐。但如果这种习惯持续到日后的生活中，这类空想肯定会发展为邪恶的幻想。

焦虑是一种非创造性的想象形式，这种情绪非常常见，经常被认为是无法控制的。哈里·福斯迪克医生将其称为"焦虑的恐惧"。动物似乎对人类的这一特有的情绪相对免疫，因此，福斯迪克博士认为这种特征"是作为人类最高天赋之一的想象力的体现"。他把焦虑比作在我们脑海中不停播放一部部伤感的电影。"但是，"他表示，"我们可以更换电影内容。我们可以用积极和有建设性的生活场景及其包含的意义和可能性，去代替破坏性和充满恐惧的想象。由此，我们终于可以证明'人心如何思量，其人就是怎样'[1] 这句话了。"

　　建立在臆想出的恐惧之上的担心，是恐惧的一种过于敏感的阶段。真正的恐惧是一种更深层次的情感。建立在事实或可能性的基础上时，恐惧是一种有预见性的想象，可以激发出我们最好的精神和身体状态。这种情绪能刺激我们做最坏的打算、持最好的期待。

　　除此之外，还有所谓的忧郁之情。有时，这些忧郁之情出于不愉快的事件或其他外部原因。它们通常来白一个人白身的化学反应，比如流感之后的后遗症。但无论来源是什么，在通常情况下，如果我们的忧郁挥散不去，那是因为我们的想象在与我们一起狂奔，而不是被我们用足够结实的缰绳所驾驭。

第三节
有益于创意人士的想象形式

　　"想象一下！"当你听到人们这样说时，他们指的应该是一种具有一定创造性、非常可控且通常令人愉悦的想象形式，比如视觉想象。这是指用"心灵之眼"看事物的能力。通过这种天赋，任何人随时都可以在脑中将所想的任何事物勾勒出一幅画面。

　　这种摄影般逼真的想象有几种形式。其中，几乎完全不动用记忆的一种形式可以称为推测想象。你或许从未参观过维多利亚瀑布，但也可以躺下来，盯着天花板，让自己"看到"这宏伟的瀑布。

---

[1] 原句出于《圣经》箴言 23：7。

想象的另一个阶段可以称为重现想象。推测想象可以在任何时态中起效，但重现想象只在过去时态下起作用。它能让我们有意识地将画面重新带回脑海之中。

虽然重现和推测的图像往往凭自己的喜好时现或止，但我们仍然可以凭意志指挥这些逼真的想象。对于结构视觉化这种第三阶段的视觉想象，这一点也同样适用。针对才能的科学测试很重视这一才能。美国心理测量学家约翰逊·奥康纳（Johnson O 'Connor）将之描述为"一种对三维形态的内在体察，是一种在脑中将平面蓝图构建成一个清晰立体图像的能力"。这项技能对于物理学家和其他科学家来说非常重要，奥康纳先生还说："飞行员很可能让飞机在降落时运用到这种能力——尤其是在盲飞过程中。"

无论是如摄影般逼真的，还是几乎和数学一般精确，这三种视觉形式的想象都是高度可控的，对于随心所欲操作自己心中的那台"照相机"的我们，这是不言而喻的。

还有一种颇具创意的想象形式，如同一座桥梁，让我们能够将自己置于他人的立场上。人人都会经常用到这种换位感受的想象，同情是这种想象的层面之一。没有换位想象，我们就无法"体恤他人的感受"。

在假装成别人时，我们也常会使用到这种想象，比如孩子玩的角色扮演。小泰迪会假装自己是一名铁路工程师，芭比喜欢穿她妈妈的晚礼服。在我们的一生中，这种被动的形式使我们能够愉快地转换角色——很大程度上，这也是美国何以每周售出 1 亿多张电影票的原因。因为，正如华特·迪士尼所说，人们到剧院去，主要是为了沉浸在他们所看到和听到的人的生活之中。很大程度上，美国每周至少会听一部肥皂剧的女性之所以能达到 4500 万人，原因也在于这种形式的想象。

换位想象也可以引领公众选择阅读的内容。有一天，各家报纸报道了杜鲁门总统的一项声明，说国家赤字将比预期少70亿美元。在一份报纸同一页的一个不起眼的地方有一小篇文章，讲的是三个当地的男孩为一条断腿的狗装上夹板的故事。普通的妇女更容易与男孩换位，而不是把注意力放到杜鲁门的消息上。一项调查显示，只有8%的女性读者记得总统宣布的消息，而44%的人却能记得狗的故事。

黄金法则淋漓尽致地体现了换位想象最为崇高的运用。想要"施于人"，我们必须先想象别人希望被怎样对待，同时也要清楚自己希望受到怎样的待遇。每一种善举中都包含着类似的需求，挑选礼物就是其中之一。这不仅需要设身处地为他人着想，也需要想出一长串的备选方案。从某种程度来说，这需要创造力的助力，因为我们很少能在不动用想象力的情况下挑选到合适的礼物。

做事圆融的关键同样是设身处地为他人着想。圆融不仅涉及你做什么或不做什么，也牵扯到你说什么或不说什么。环境和训练能使圆融处事或多或少地成为一种本能。但是对于换位想象的使用需要一种取悦他人的意愿，甚至需要我们为此付出努力。我们的创造力越强，就越该要求自己变得圆融。

第四节
想象力的创意形式

上文的内容让创造力离我们更加触手可及，但在此之前，让我们先来看看可以称之为预见想象力的阶段。这种想象力最被动的运用形式，便是阻止小男孩们触碰火炭的预见力。如果你对一个棒球投手说"到场上去发挥你的想象力吧"，他可能会一头雾水。虽然他或许缺乏发明创造力，却可能拥有丰富的预见想象力。每次投球，他都需要做好提前规划。在接球手的帮助下，他必须要猜透击球手的心思。所有猜测都需要动用预见想象力。我们绝大多数人都能预测猫咪跳跃的方向。这种形式的想象带来的乐趣，也是赌博的刺激之处。

预见想象力的最高形式是创造性预期。"当我们对一些想要实现的愿望抱以期待，并坚信一定成真的时候，我们往往能鞭策自己使之成为现实。"正如阿尔伯特·布特兹（Albert Butzer）博士所说，这是创造性预期的核心。无论是棒球传奇贝比·鲁斯（Babe Ruth）、牧师亨利·沃德·比彻（Henry Ward Beecher），还是亚伯拉罕·林肯，伟人们都具有这种能力。

至于真正的创造性想象力，其功能主要包括两个方面：一个是捕捉，另一个则是对捕捉到的东西进行改造。

在进行捕捉时，我们的能力可以作为一盏探照灯，帮我们找到那些并非全新、但对我们而言属于见所未见的事物。当我们这样进行探索时，便可将自己的光芒投射在黑暗的角落中。就这样，像牛顿这样的人们照亮了未知但既已存在的真理，如万有引力定律。这是一种发现，而不算是发明。但是，无论对于发明还是发现，我们都应随时随地四处挥舞我们的探照灯。发现的选择越多，就越有可能找到我们想找的东西——而我们想要找的东西，则往往就在光天化日之下。

被个人问题扰得一蹶不振时，我们往往会哭天抢地："我当时为什么没想到那一招呢？"我们悔恨自己没有利用创造性想象力来照亮自己的前路，然而我们该做的，则是接受失败的事实，并想出足够多的备选方案。

捕捉功能不应与改造功能区分得太过明显。我们先来单独审视一下改造功能。正如想象可以用来照明一样，它也可以用来产热。作为一台炉具，想象力可以把那些本身并不新鲜的东西或想法融合在一起，用来烹饪出全新的东西。通过这种方法，我们能做的不仅仅是发现，还能有所发明，就是能产生出以前从未有过的想法。

一天早晨，正要离开家的我经过厨房。妻子和女儿正拿着铅笔和记事本，忙着思考当天的三餐问题。她们大脑的探照灯在各种各样的肉类、鱼类和食品杂货上晃来晃去。在搜索过程中，她们发现了想要的材料。之后，她们俩将这些食材切成小块，混合在一起进行烹煮，然后加入各式调料。就这样，面粉被做成了淡烤酥饼；鸡肉、豆芽和面条被制成了中式炒面。因此，两人的想象力兼备了捕捉和混合的力量。最后一项技巧便是组合，这通常被人称作创造性想象力的本质。

在形容构思的过程时，人们经常使用的术语"合并"是不够充分的。仅仅是将事物结合在一起形成新的组合的过程，就可能已经超越了"合并"。这个过程通常需要人们将问题拆解成独立的部分，然后进行重新组合。分析，捕捉，然后要么结合要么改造——这些都是创造性研究的组成部分。科学实验会调动所有这些活动，还会涉及其他的流程。

与其他形式的想象不同，真正的创造性很少是自动生成的。创意似乎无须我们调动也能自动起效，但实际上，创意通常是我们努力使然的结果。因此，创造力不仅仅包括想象力，而且是与意念和努力不可分割地结合在一起的。

神经生理学家拉尔夫·沃尔多·杰勒德（Ralph Waldo Gerard）

将创造性想象力描述为"产生新想法或新见解的头脑活动"。这句话的关键词是活动。心理学家约瑟夫·杰斯特罗(Joseph Jastrow)将创造性工作定义为"前瞻、预见、供应、完成、计划、发明、解决、进步、创造的想象力",值得注意的是,在这整串词语中,没有出现一个被动动词。

虽然我们可以充分理解想象力的运作方式以及如何使其更加有效,但是,任何反思创意火花的人,仍会因其神秘而心生好奇。其中一个问题是:"是什么点燃了火花?"我辈凡人,或许永远也不会得出答案。这秘密比生命本身更加深奥,何况,我们尚且连心脏为何跳动都还不知道。美国记者亨利·莫顿·罗宾逊(Henry Morton Robinson)将心脏跳动的动力比作"某种可以叫作'心脏起搏器'的电子节拍器",但是,为起搏器提供动力的,又是什么呢?

同样,创造性想象力也同样神秘莫测,甚至更加难以捉摸。根据理查德·罗伯茨(Richard Roberts)的说法,想象力与神迹一般深不可测。他说:"这个世界上,存在着一股名为创意的力量,而这股力量的发源地却不得而知。这种力量可以增强生命力并拓展自然之力,在这一点上,我们拥有不可忽视的证据。"

讨论话题

1. 在心智的基本功能中，你认为哪一项最重要？为什么？

2. 想象力对黄金法则是否至关重要？为什么呢？

3. 什么是创造性预期？我们能在多大程度上通过努力将这种能力为己所用？

4. 至少说出五种不可控制的想象力。

5. 区分推测想象、重现想象、结构想象和换位想象，并为每种想象举出例子。

练习

1. 假设你和一个从未谋面的陌生人待在一起，列出 6 种有趣而不会引起争议的开场白。

2. 为以下事物或情景自创词语：由剩饭拼成的晚餐；一个漫长的夜晚之后留在烟灰缸里的烟头和烟灰；床上的面包屑；在比赛结束前涌向橄榄球赛场的一群人；10 个男人和 1 个女孩。

3. 写一则分类广告，推销一种可装在衣服口袋里的运动用具、一种不留痕迹的毒药、一种铺床机器。（此问题由《伦敦观察家报》提供。）

4. 说一说下列每一组物体能够怎样有效组合：排球和钢丝弹簧；13 个空饮料瓶和 2100 毫升水；一根棍子、一个铰链、一块厚 1.3 厘米、长宽各 90 厘米的木板。

5. 除了用作头饰外，丝绸帽子还有什么用途？

第十一章

第一节
创意的过程多种多样

创意的形成是没有固定共识的。一家研究实验室可以通过一套基本算得上正式的流程来解决问题，但即便正式的流程也应经常更新。普通的个人或商业问题大多需要持续的专注，从每一个步骤循序往下推理。因此，几乎每一种创意过程中，发挥主导作用的天赋，都是我们所知的创意联想或联想法，也可以称为重新整合。

创意的联想是一种想象嵌入记忆中、从一个想法导出另一个想法的现象。其威力在 2000 多年前就被人承认。柏拉图和亚里士多德强调说，联想是人类心理学的基本原则。

联想对那些想象力较强、想法较丰富的人更有效。记忆越生动，就越适合用于联想之中。例如，我最近对一位终身好友的妻子说："这让我想起了那个周日在你家晚餐的情景，当时，理查德·沃什伯恩·查尔德①（Richard Washburn Child）跟我们叙述了伍德罗·威尔逊②（Woodrow Wilson）私下里对他说的关于凡尔赛条约的话。"她什么也没想起来。对于招待过诸多名人的她而言，查尔德先生只是一位寻常的宾客，因此她已经把这事忘记了。但是，从未与大使共进过晚

---

① 美国作家和外交家，曾任驻美国意大利大使。
② 第 28 届美国总统。

餐的我，对这件事却心潮澎湃，以至于 30 年后，类似的情景又勾起了我的回忆。

联想对创意中的偶然因素有着重要意义。一次看牙医时，我正好在思考思维逻辑链的奥秘。当牙医钻牙的时候，我的左手随意摆动，碰到了一根用来给本生灯输送气体的小管子。"多么光滑细腻的橡胶啊，"我想，"真像婴儿的脸颊。"

这种橡胶的触感让我想起，在诺曼底登陆的前夕，纳粹是如何被全尺寸的船只、坦克和大炮形状的气球愚弄的。不到一秒钟的时间，这些在英国设置的圈套以及我手中小管子之间的联想便闪现出来。

几天前，我去了一家专制橱窗陈列模型的商店。后来，我又去了一家服装店，在那里我偶然遇到了商店的陈列管理员。因此很自然地，在牙医钻牙的过程中，我的脑海中便闪过"婴儿……橡胶……巨型模型……服装模特"的念头。所有这一切让我问自己："用沉重的石膏做人体模型不仅运费昂贵还容易破碎，与其这样，为什么不用橡胶制作，先放气运输，然后再充上气陈列在橱窗里呢？"

就在头脑以这种迂回的方式运转的同时，我对自己的思维回路做了分析，并将上述报告写了下来，所有这一切，都是在一个小时内完成的。我儿子刚从大学回来，顺便来看看我。"你在做什么工作呢？"他问道。我把在做的事情告诉了他。几分钟后，他发话了："喂，爸爸，你还记得 10 年前感恩节，我们在梅西百货举行游行时看到的那些充气数字吗？"我当然记得。也就是说，原先认为"全新"的想法，都是我头脑底层土壤的陈年旧物——是从 10 年前种下的一粒种子里冒出来的。

第二节
联想的法则

古希腊人提出了联想的三条法则：接近律、相似律和对比律。所谓接近，指的是相近，就像婴儿的鞋子会让你想起婴儿一样。所谓相似，指的就是狮子的照片会让你联想起你的猫咪。所谓对比，是说侏儒可能会让你想起巨人。人们还提出了许多其他的联想法则，但这最初的三条仍然被认为是最基本的原则。

联想可以通过许多途径产生。我们的修辞手法就是一个例子，或许能让大家理解联想的诸多途径。当然，相似性联想是联想的基本法则，而明喻是以相似性联想为基础的最简单的比喻。一朵优雅的百合花可能会让你想起你的小女儿。你可以用明喻法来说："海伦就像一朵花。"

隐喻中暗含着相似性。看一出展现了从生到死的整个过程的戏剧，它让你想起了这个世界。你可能会运用暗喻说："世界就如一座舞台。"看到了一位让你想起死亡的干瘪老头，加上一把镰刀，通过拟人化手法，你就可以将死亡称之为"持镰的死神"。同样，寓言也是建立在相似性之上的。寓言会让我们的大脑产生其他想法，从而震撼我们的心灵，有的想法是直接引发的，有的想法是通过道德教育诱发的。

联想也通过以一代全的方式起作用，而这，也是至少两种修辞的基础。当用部分指代整体时，如"推动摇篮之手可掌控世界"，这便是提喻。当我们看到摇篮并想到母亲时，这是一种以一代全的联想。在"笔比剑更有力"这一句中，一个词则是以转喻的方式指代另一个词的。

同样地，联想可以通过声音而非词语产生，这与拟声相似。当听到恋爱时妻子曾经弹奏过的那首旋律，你便想起了婚礼当天的情形；一听到吸尘器的呼呼声，你便会想到牙医钻牙的声音，而这并不表示二者之间有什么联系。

其他的修辞方法是建立在对比的基础上的，也就是亚里士多德所说的联想的第三律。在讽刺时，我们会使用与我们想表达的意思相反的词句，例如："多嘴的人永远没有错。"同样地，对比也能引发联想，当我遇到一个聒噪的人时，就会想起我那沉默寡言的兄弟。对偶是另一种对比型的修辞，可将相反的词语搭配在一起，例如："我的就是你的，你的也是我的。"同样地，劳伦琴山脉的一场暴风雪，也可能会让我想起亚利桑那州沙漠的干旱。

夸张的修辞法需要刻意夸大事实。孟豪森公爵 [1]（Baron Munchausen）的传记作家曾经尝试描写一片深得难以置信的积雪。他可能会想："雪堆有教堂尖顶那么高，那么男爵会把他的马拴在哪儿呢？"他想出的答案是："当然是在塔尖上了。"就这样，作者通过夸张的手法和思维链条，用文字勾画了一幅好笑而荒谬的场景。

即使是气味也能引发一连串的想法。煮咖啡的香味可以让一些人感觉自己回到了林中的营地，即使这气味其实来自市中心餐厅里一口巨大的咖啡壶中。

---

[1] 德国作家鲁道夫·埃里希·拉斯普（Rudolf Erich Raspe）1785 年出版的《孟豪森男爵游记》一书中虚构的德国贵族。

第三节
创意过程的步骤

虽说物理事实比心理事实更容易揭示，但时至今日，还没有人能确切知道婴儿到底是如何出生的。所以，对于思想究竟是如何产生的，我们至今仍是云里雾里，也就不足为怪了。或许，这两个神秘的过程永远都不会被完全理解。出于这个原因，我们可能永远也别想给创意过程套上一个严谨的公式。

大约50年前，法国数学家亨利·庞加莱（Henri Poincaré）提出了数学创意的思考过程。之所以能够相当准确地做到这一点，是因为他面对的主要是切实和不变的元素。然而，几乎每一个数学之外的问题都充满了无形的和变化的元素。这也是为什么创意过程不能被严格系统化的另一个原因。

因此，那些曾研究和实践过创意的人意识到，创意的过程只能是个走走停停、逮到什么用什么的过程——这种过程永远不能精确到足以符合科学规范。若非要做个归纳，也只能说这个过程通常包括以下阶段中的一些或全部：

1. 起步：指出问题。

2. 准备：收集相关数据。

3. 分析：分解相关资料。

4. 假设：开动脑筋积累备选方案。

5. 孵化：放手，邀请灵感降临。

6. 综合：把碎片拼在一起。

7. 验证：对最后得出的想法加以判断。

在实际操作中，我们不能如此按部就班地遵循顺序行事。我们甚至可以在准备阶段就开始进行假设，而分析则或许能够直接引导我们找到解决方案。在孵化之后，我们可能会对事实进行进一步的挖掘，而在刚开始的时候，我们并不知道自己会不会用到这些信息。当然，我们也可以对我们的假设进行验证，从而剔除我们的"胡思乱想"，只从最有可能的情况着手。

在这个过程中，我们必须改变步调。先推进，再滑行，然后进行推进。通过驱使意识去搜寻更多的事实和假设，我们积累了一种强烈的思想和感觉，足以加速联想之泵的运转，让更多的想法奔涌而出。就这样，通过不懈的努力，我们间接地诱导了"闲置"灵感的降临。

搜集假设或许算是任何涉及问题解决的任务中不可或缺的一部分，无论是创造一种新药，还是纠正孩子的行为。想要得出一个可行的创意，我们几乎总是要想出一些无用的念头。本书后文的部分将对这一原则进行更加全面的论述。

对于任何创意过程，分析都是不能忽视的。在许多情况下，仅靠拆解问题就能让我们找出答案，或者，这也能让我们意识到，正在解决的问题并非问题核心所在。

至于创意过程的其他阶段，综合可以将拼图的碎片组合在一起。如果我们进行了充分的准备，设定了正确的目标，并积累了足够的假设，那么综合这一步骤便可能在任何环节出现——甚至包括在孵化过程中。

验证需要用到现实主义精神。正如意大利医生路易吉·加瓦尼（Luigi Galvani）所警告的那样："人们很容易自欺欺人地让自己相信已经找到了想要发现的东西。"

在运用自己的判断时，我们也可以把所有的利弊都写在纸上，从而对解决方案进行分析。当然，我们也应该征求别人的判断结果。但是，最可靠的验证方法，还是将自己的想法付诸实践。而且，想出最佳验证方法，此举本身也是一项对于创意的挑战。

第四节
设定"工作心情"

至于起步，第一步就是做好准备，即调整出一种"工作心情"。

这样的做法或许类似于给自己打气，但给自己打气的确可以通过具体的方法实践，且富有创意的人会有意识地加以运用。

某种程度来说，就连自信也可以通过自我诱导来获取。科学证明，在一定范围内，只要我们认为自己能做到，就一定能做到。例如，德国心理学家格奥尔格·埃利亚斯·穆勒（Georg Elias Müller）和弗雷德里克·舒曼（Friedrich Schumann）证明，我们的大脑甚至可以让较重的物体显得更轻。他们让人们举起一个轻物，然后再举起重量是前者三倍的物体，接着再举起一个重量介于二者之间的物体。尽管最后一个物体比第一个重 30%，但几乎所有接受测试的人都认为它要轻得多。

就像棒球运动员在击球前要挥两棒一样，在处理创造性事项时，我们也要为自己的想象力热身。20 年来，我每天都在看广告写手艾伦·沃德（Alan Ward）的作品，也一次又一次地为他启动并完成的创造性工作之多而惊讶。每当接手一个项目时，他便不得不与自己作斗争，这虽然是他的原话，但却让人深感匪夷所思。我询问他的工作方法时，他是这样解释的：

"对于如何无拘无束地进行创意，我没有什么百试百灵的方法，但我发现进入工作心情的一个好方法就是关上门，努力将眼前工作以外的一切都抛之脑后。然后，我便把打字机拉到双腿之间，开始创作。我会将每一句进入脑海的台词都记录下来——无论它听起来是疯狂、无聊，还是会让人产生别的感觉。我发现，如果不这样做，这些创意可能会停留在那里，阻滞其他创意的出现。我会尽可能快速地进行创作。这样工作很长时间之后，一些原本不转的齿轮开始呼呼作响，一些惊艳的想法便开始自动出现在我面前的黄纸上——就像是电报报文一般。这种方法虽然艰苦，但却是我所知的唯一方法。"

思维开放对于创造力有着举足轻重的意义，以至于我们在搜寻创意的过程中，必须偶尔对可能让我们的大脑停止运转的因素避而远之。在到法国南部地区拯救蚕宝宝时，巴斯德本可以想当然地接受已知的蚕病病因。当地的蚕农试图向他解释这种病的本质以及导致的原因。如果巴斯德听信了他们的理论，就可能永远也找不出那个对法国意义重大的答案了。

有的时候，我们必须通过封闭环境来保持思想的开放，一家大型制造公司头脑机智的领导者就是这样做的。他的成功，建立在通过减少产品生产程序来降低成本的能力之上。他下定决心，永远也不要在工厂里处理相关问题，而是把问题带回家中。他告诉我："在工厂里尝试思考这种问题时，我便会听到机器发出的美妙隆隆声，看到产品被一件件流畅地生产出来，而大脑往往会停止运转。"只要商店里有任何一件即使减少一道工序也同样能生产出来的产品，我就会在家里钻研方法，在家里，我的头脑要清晰得多。

通用电气的昌西·盖伊·苏兹强调，要对自己的直觉保持开放的心态。他敦促说："将保持开放的心态作为目标，留心灵感的出现，当你发现有灵感在意识的门槛徘徊时，那就张开双臂欢迎它的到来。这些事情不会让你在一夜之间变成天才，却定能帮你挖掘出隐藏在大脑深层的宝库。"

(讨)(论)(话)(题)

1. 你应该对自己的直觉抱有信心吗？谈谈原因。

2. 你如何描述这种被称为联想的概念？

3. 列举三大联想法则，并各举一例说明。

4. 讨论联想法则与修辞的类比。

5. 创意过程的头几个步骤应该是什么？

(练)(习)

1. 为以下每个主题创造出一个隐喻或明喻：爱、生活、死亡、足球、动脑。

2. 写下"母亲"这个词，并在下面写下它让你想到的第一个单词。继续重复这个过程，直到得出六个单词。指出想出每一个单词时运用到的联想法则。

3. 最让你记忆犹新的广告语是什么？每条广告词针对的是哪种产品或服务？

4. 列出原子能在和平世界中可能运用到的所有领域。

第十二章

第一节
想要起步，就要定好目标

　　我们有时会偶然发现一个重要的新创意，但通常情况下，碰上运气的人已经在寻找其足迹上耗费了很大的精力。有个故事说，一位水管工不小心将一根钢管丢进了熔融的玻璃中，当把钢管拔出来时，他在无意之间找到了制造玻璃管的方法，像这样歪打正着的事情，是非常罕见的。

　　我们无法有意识地增加意外惊喜的数量，但却能通过有意多加创造来打造更多的想法。但在这个过程中，专注于目标才是明智之举。首先，我们应该尽可能明确自己的目标。

　　有的时候，我们必须从问题本身出发。在其他时候，问题是由环境强加给我们的。在科学机构和商业组织中，分配给相关人员的难题往往会标有明确的目标。别的任务中或许会附带有明确的提示，比如战时国家发明家委员会（National Inventors' Council）发布的"征用发明"清单。这类清单上附带的要求形式大多如下："一个不加降落伞就能从飞机上扔下的防震容器，造价便宜，不必回收。国家发明家委员会的建议是，容器所受的冲击力可用飞机上的瓶装二氧化碳进行缓冲。"

第二节
想出新问题

美国人用钱买到的产品之所以越来越优质，原因之一就在于美国的制造商会主动寻找目标，即有意识地搜寻问题，而解决方案之中便可能隐藏着机遇。例如，人们发现缩水是男士衬衫的一个缺陷，于是，价值数百万美元的防缩水处理便应运而生。以下这个故事讲述的，便是选择和设立目标的方法。

这个问题的起因，是由于制造商不能给消费者提供一款像领子一样笔挺的衬衣。问题在于，领子总会在造好之后加以洗涤，但如果衬衣这样洗，便会失去一些精致的质感，看起来不像是崭新的，而像是洗过的。因此，桑福德·克鲁埃特（Sanford Cluett）自告奋勇，决心要找到一种方法，在不过水的情况下对布料进行防皱处理。

克鲁埃特先生在棉纺厂发现，在缩绒过程中，布料总要在拉扯状态下经历各种各样的漂白和丝光工序。事实上，布料会被缝制成为长达 23 公里的条状，在棉纺厂中拉扯开来。毋庸多言，这自然会使织物变形。他发现，如果将拉扯这一步别除，大部分的回缩就能被消除。因此，他发明了一种能自动恢复布料平衡状态的机器，换句话说，就是把拉伸的布料再缩回去。

防缩水工艺最初是针对棉织品而发明的，但其成功也引发了其他用途。其中一个成果，便是一种与之类似的可稳定人造丝的"桑福瑟特放缩定型"法。一种更新的工艺则可以消除羊毛中的毛毡。这个典型的例子向我们展示了如何通过抓住问题来达到目标，以及一个目标如何引出另一个目标。

通过深刻的探索来挖掘不可预见的问题，也能衍生出成功的创意。漫无目的地进行研究的法拉第（Faraday），在 1831 年偶然发现了发电的原理。他没有确定的目标，只是想知道，如果在马蹄形磁铁的两极之间安装一个铜盘并使之旋转，会发生什么。令他吃惊的是，旋转的铜盘所产生的，竟是电流。

当查尔斯·斯泰恩开始进行那项最终生产出尼龙的研究时，他并不知道自己想要的是什么。他的同事告诉我，好奇心是他的一个突出的特点。"我想知道，如果分子重新排列成排而不是成簇，会发生什么？"如果他没有提出这个问题，那么这世界上可能就不会有尼龙了。就这样，斯泰恩博士创造出了一个目标，然后把这个问题转交给华莱士·休谟·卡罗瑟斯（Wallace Hume Carothers）博士。作为第一支合成杜邦尼龙的科学团队的领导者，卡罗瑟斯博士受到了这家公司的高度赞誉。当时年 41 岁的他于 1937 年去世时，为纪念他的伟业，尼龙研究实验室以"卡罗瑟斯研究实验室"重新命名。

有些人会想，如果最初没有斯泰恩博士为卡罗瑟斯博士设定这个目标，那么卡罗瑟斯博士的名字是否还会因此而永垂不朽。更多的赞誉应该归功给谁——是激励者，还是实践者？当然，找准了目标，战斗就往往胜利了一大半。不时会有人提出一个问题，引出一个宝贵的答案，但此人的名字却湮没在人们的记忆之中。美国农业部提供的一份报告中就有这样一个例子。小猪经常因猪妈妈滚到身上而被压死。一位不知名的思想家发问，或许只需倾斜产仔猪舍的地板，便能解决猪的死亡问题。这个问题，便引出了一套非常管用的系统。一些猪妈妈喜欢背朝上坡躺着，而小猪则喜欢走下坡路，因此倾斜的地板能使小猪避免被压在横躺着的母猪身下。农业部的报告称，这种倾斜的地板已将这种导致猪死亡的原因削减了 25%。如果不是那位不知名的人士特地设立的目标，培根的价格会比现在更加高昂。

第三节
明确与剖析

我们不仅需要选出问题，也需要将问题明确地指出来。也就是说，我们应当让目标明确起来。耶鲁大学的布兰德·布兰沙德（Brand Blanshard）敦促说："有意识地指明你的难题，从一开始就将之打造成一个条理明晰的问题。"

正如美国哲学家约翰·杜威（John Dewey）所说："把问题说清楚，就解决了一半。"明确问题不但能帮你看清目标，还能助你正确看待目标。马修·麦克卢尔（Matthew McClure）表示："明确问题能让你将之与其他已知的事实联系起来，以便检验确认。"

另外，我们也务必要将问题写出来。为了刺激自己采取创造性的行动，我们甚至可以把问题写给别人，并承诺会在某个日期前找出答案，即便不是唯一正确的答案。我们也不要仅仅满足于提出问题。当然，如果"把问题说清楚，就解决了一半"这句话是正确的，那么我们越是缩小范围，就越能接近其解决方案。因此，请务必确定好目标。

沃尔特·里德（Walter Reed）博士之所以是美国的不朽人物，主要是因为他殚精竭虑地确立了与黄热病作斗争的目标。这个难题，是强加到他身上的。在以黄热病委员会主席的身份抵达古巴后，他查看了最近的死亡名单，并就每一个病例进行了询问。他发现，最近死去的病人，甚至并未与其他病患有任何接触。

"你是说，这个人与这种疾病根本没有任何接触？"里德少校问道。

"没有，"对方回答，"他和另外六个人在警卫室待了六天，染病的只有他一个人。"

里德少校说："嗯，如果你说的是对的，那么一定有什么东西爬过、跳过或飞过了禁闭室的窗户，咬了那个囚犯，然后又回到原来的地方去了。我相信，是时候放下我们的显微镜来研究黄热病是如何在人与人之间传播的了。这种毒素很可能是由昆虫携带的，这种昆虫或许就是蚊子。"

在此之前，人们通过普通的显微镜技术漫无目的地寻找着黄热病的病因，而里德少校却将最终引出了解决方案的目标一语道破。由于他明确了焦点，再加上充当实验室小白鼠的志愿者们的英勇无畏，就这样，对抗黄热病的疫苗最终诞生了。如此一来，在40年后，美国士兵才能在蚊虫丛生的丛林和沼泽中追赶敌人，而不受这曾经杀人于无形的疾病的毒害。

正如查尔斯·富兰克林·凯特林解释的那样："研究的过程就是把问题分解成不同的元素，而我们对其中很多元素已经有所了解。将问题拆分开后，我们就能将注意力放在那些尚不了解的因素上。"

提出问题或许是拆解问题的重中之重。例如，让我们想象自己是一个捕鼠器制造者，据说，爱默生的一句名言曾经推动了捕鼠器的名声大噪。① 我们或许会定下一个"制造更优质捕鼠器"的笼统的决

---

① 爱默生曾说："只要你制造的捕鼠器是最好的，顾客不惜跋涉也会找上你的门。"

心，但在撸起袖子行动之前，缩小目标范围才是明智之举。我们可以问自己一系列具体的问题："怎样才能让捕鼠器好看些？""如何才能更便宜？""如何才能更容易使用？""如何才能对家庭主妇更安全？""如何才能减轻重量？"如果碰巧有一支研究团队，我们可能会把每个目标分配给个人或小组来完成。如果我们只是嘱咐所有人一句"先生们，我想让顾客不惜跋涉地找上我的门。给我设计出一款更优质的捕鼠器吧，开始行动"，那么与之相比，将问题拆分开来的做法一定会带领我们走得更远。

沃尔特·克莱斯特（Walter Chrysler）是一名年轻的铁路机械师，他将微薄的工资省下来，购买了一辆价值5000美元的皮尔斯银箭老爷车——只是为了把车拆开再组装起来，看看里面有什么玄机。雷·贾尔斯（Ray Giles）说，克莱斯勒会向自己提出"为什么往四个轮子上全安上刹车却不能让汽车停得更稳？""为什么不能让润滑油一直流过过滤器以保持更高的纯度呢？""直径更大的轮胎是否会让汽车行驶更稳"等具体问题，以求找到一种制造更高质量的汽车的方法并付诸实践。

雷·贾尔斯总结说："后来，那个年轻人推出了他的第一辆克莱斯勒汽车，并在当年的车展上轰动一时，这也是理所当然的事情。"

个人问题通常非常复杂。同样，如果将它们拆解成更简单的元素，便也更有可能衍生出解决方案来。例如，如果妻子对丈夫的品行感到不安，她会面临这样一个基本问题："怎样才能让他成为一个更好的人？"但是，对于产生具体的创意而言，这样的问题涉及的范围太广了。

她应该先就侵蚀丈夫品质的因素列一份清单，然后再就可以改变他的因素列一份清单。然后，她便可以从中挑出重点目标。

纽约州教育研究部主任沃伦·W. 考克斯表示："我们需要在问题的分析上倾注更多的精力，而不是收集数据。我们不仅需要分析问题本身，而且要在收集数据之前就得出一些关于可行解决方案的假设。"

第四节
一个目标或许会衍生出另一个目标

一个想法会引出另一个想法，同理，一个目标常常也会衍生出另一个目标。就连最伟大的科学家也会认同这一点。正如保罗·德·克鲁伊夫所说："微生物猎人[1] 通常会获得他们本要寻找的东西之外的发现。"

1922 年 6 月，我参观了位于代顿的通用汽车研究实验室，由研究主任查尔斯·凯特林做我的向导。我们向一个小房间里瞥了一眼，看到里面有三个人正围着一台小型固定式发动机忙碌着，发动机的气体通过窗户上的洞向外排。"他们在干什么呢？"我问凯特林先生。

"哦，我让他们更换汽油呢，这样一来，每加仑[2] 汽油就可以跑五倍的路程了。"他们最终没有找到本来要找的东西，却通过一个偶然的机会想到了铅，而这，也导致了抗爆乙基汽油的诞生。他们改变了搜索的目标，虽然没有增加单位汽油的行驶里程，却缓解了引擎的

---

[1]《微生物猎人传》是克鲁伊夫的代表作之一，其中介绍了 13 名杰出生物学家的事迹。

[2] 1 加仑约等于 3.8 升。

爆震问题。

康宁玻璃公司的员工本来的目标是要制造铁路灯使用的灯泡，他们计划使其在遇到冰霜击打时也坚不可破。他们成功地实现了目标，也因此增加了铁路的安全系数。但在此过程中，他们也完善了一种可用于千家万户的新型玻璃。也就是说，制造更坚固灯泡的目标，却衍生出了能够经受烤箱高温的玻璃器皿。从那以后，美国妇女已经购买了近 4 亿件派热克斯玻璃器皿，用于烘烤、盛菜和储存。这一创新后来又衍生出了可放在火炉上加热的耐火器皿。

许多研究主管们都发现，目标经常是会改变的。霍华德·弗里茨博士告诉我，他手下的一位科学家进行的一项研究衍生出了一种副产品，而这种副产品后来成为他毕生的事业。这一副产品，就是众所周知的聚乙烯树脂。弗里茨博士表示，这并不是有组织的创意中出现的惊喜"反转"。正如路易斯·列昂·瑟斯顿指出的，解决问题通常需要"对问题本身进行重新构造，然后解决新问题"。

能够改变的不仅是具体的目标，就连宏观目标也有改变的可能。很少有人知道，亨利·福特（Henry Ford）原本并不打算进入汽车行业，而是打算跻身火车行业。年轻时，他在父亲的农场上进行的第一次创举，就是制造了一台蒸汽机。他一直以制造铁路设备作为自己的人生目标，直到快 40 岁时，他才把目标对准了乘用车。

对自己的目标进行分析是一种明智的做法。美国专利局中充斥着毫无用处的"好"主意。无数人都将数不清的时机和创意精力白白浪费在了毫无用处的项目上。

就个人而言，我也曾一次次地去追寻那些虚无缥缈的东西。比如说，我曾经想到过一种新的字典。我与一些从事文字工作的人士进行了交流，他们对我的目标很感兴趣。我开始着手处理这个任务，花了几百个小时想出了前100个单词，然后又与一个词典出版商作了交流。但很快我就发现，即使调动10个人，也几乎要花一辈子的时间才能完成这项任务，成本太大，而市场又太过有限。如果我及时对这个目标进行了分析，那就本该将这些时间花在更有意义的事情上。

因此，在暂时选定了一个目标之后，我们就应该调动起自己的判断力来。在这一点上，判断思维应该告诉我们这些目标是否值得我们付山努力。因此，评估的用处很大，即便只是在起步时期。

讨 论 话 题

1. 斯泰恩博士和卡罗瑟斯博士在创造尼龙的过程中分别发挥了什么作用？

2. 沃尔特·里德博士在什么问题上确立了他的目标，又是如何缩小范围的？

3. 如果你接到了一个设计更好用的捕鼠器的任务，会将这个涵盖广泛的任务分解成哪些条目？

4. 为什么要把概念性的问题写出来？请进行讨论。

5. "年轻一代怎么了？"在用创意解决问题时，你觉得这样描述问题本身是否有效？说说原因。

练 习

1. 想出至少 6 个创意问题，让一支团队有效找出解决方案。

2. 描述一个你认为可以博人眼球但据你所知尚未被尝试过的电视节目的想法。

3. 大群的欧洲椋鸟在许多城市都造成了公害。为这个问题想出六种可行的解决方案。

4. 至少说出 3 个你认为对世界最有效用的"征用发明"。

5. "你将如何对本地政府进行改善？"列出你会将这个问题拆解成哪些副标题，以便通过创意来解决。

第十三章

第一节
准备与分析齐头并进

作为创造过程的第二步，准备这一步需要两种知识——一种是我们先前储存的知识，另一种是我们为了解决创意问题而新获取的知识。

记忆就像一个油箱。汽油的辛烷值取决于我们灌满油箱的方式。我们通过积极努力和亲身体验所积蓄的记忆，要比通过无所事事的旁观、没精打采的阅读和慵懒消极的收听所积蓄的记忆丰富得多。

对于在创意项目开始时应该搜集多少资料，人们看法不一。许多成功的创意人士认为，在脑中充满信息资料是有益的。不久之前，一位作家评论道："如果一开始不经历无休止的刻苦研读，我似乎就无法创作出任何有价值的作品。"这一点尤其适用于科学领域。诺贝尔奖获得者伊万·巴甫洛夫（Ivan Pavlov）说："鸟的翅膀虽然完美，但若不悬在空气中，就永远不能让鸟飞起来。事实就是科学家的空气。没有事实，科学家永远也飞不起来。"

美国作家小亨利·泰勒（Henry J. Taylor）曾经这样描述美国金融家伯纳德·巴鲁克（Bernard Baruch）的创造性思维："他先获取信息，耐心研究，然后再运用想象力。"巴鲁克先生认为，想象力在这三个步骤中都必须发挥作用。在后来与泰勒先生交谈时，我发现他对此非常赞同，这三个步骤是：一个人在得到基本事实之后，必须想清楚自己还需要哪些进一步的信息，而在寻找这些新信息的过程中，此人同样也必须运用到想象力。

而包括查尔斯·凯特林在内的许多人都认为，信息的收集应该是有限度的，也就是说，在处理创意项目时，我们可能会在错误的阶段积累了太多信息。正如美国学者约翰·利文斯顿·洛斯（John Livingston Lowes）所指出的："事实可能会淹没想象。"

这一点，是我通过亲身经历发现的。在一个星期内，我必须制订两个计划——一个计划针对的是一次征兵动员，另一个则是为一项筹款运动。为了筹备前一个计划，我每天都在研究别人在类似项目中的做法，对于类似项目巨细无遗的研究诱使我甘愿模仿他人，却无法产生任何全新的创意。为另一个项目做准备时，我将最重要的信息列出，然后有意不去看别人已经做过的事情。由此，我发现自己可以更加彻底地调动起想象力，而后一个项目的收效也比前一个好很多。

诸如此类的经验表明，在开始进行创造之前，我们并不需要事无巨细地挖掘信息，而可以将一些基本信息集合起来，然后尽量把所有的假设都想出来。在列出 50 到 100 个类似的想法后，我们便可以回头收集资料，将所有可能有用的信息都集合起来，然后再次开启想象力。一个在尚未集齐信息时想出的一个初步的想法，最后却被事实证明为最有价值，出现这种可能性的概率非常高，但是，同一个想法也有可能从一开始便淹没在尚不成熟和过于烦冗的信息洪流之中。

第二节
最适宜搜寻的数据

我们有时会意识到自己需要新的信息，却对这些信息是什么以及或许会出现在哪里茫然不知。在这种情况下，我们可以尝试随机勘测。比如说，如果我们的问题是要设计出一个新的包装，那么在商店里闲逛和浏览各种包装便是明智之举。或者，我们也可以找一些可以作为创意清单的信息源。例如，在思考包装设计甚至是发明某种小工具时，西尔斯百货的商品目录就是一个很值得勘测的领域。

有效的勘测需要开放的思想和广泛的布局，在勘测时，我们应比在单纯感知时挖掘得更加深入。我们应该深入研究方法和原因。仅仅是看一种新型的钢笔，只能为我们的创作磨坊增添极少的砂石。但是，通过了解这支笔的运作原理和人们购买的原因，我们便可能会产生一连串的想法，将想象力化为珍宝。我们的勘测也应当包括那些毫无价值的东西，因为好的想法往往是在挖掘失败原因的过程中产生的。

有的时候，相关信息要比直接切题和唾手可得的信息更有帮助。乔治·理查兹·迈诺特（George R. Minot）医生在找到治愈贫血的方法之前，他必须得设计出一种方法，以便实际观察骨髓细胞如何不断产生新的红血球。只有这样，他才能把与他的问题相关的基本信息弄明白。搜集了大量的新鲜信息之后，他才发现叶酸是贫血时所需要补充的维生素。在此之后，经过更多的新发现，加上创意上的努力，他才最终得出结论：肝脏才是造血功能的关键。

关于原因的新信息往往是最重要的。据说，当有人要求罗伯特·科赫（Robert Koch）医生找到治疗白喉的方法时，他争辩道："我连引起白喉的原因都不知道，怎么能找到治疗方法呢？"私人生活中的问题要简单得多，但即使是这些问题也常常需要有关诱发原因的新信息。例如，如果一个男孩在学校成绩很糟糕，那么想出解决办法便是他父母的责任。通过与老师和家庭医生交流沟通，他们可以列出一系列可能的原因。其中之一或许与孩子的视力有关。在这种情况下，配一副眼镜，问题往往就迎刃而解了。

医学分析注重的是致病因素。在寻找治疗疾病的方法时，一位好医生常常会深入研究病人的生活习惯。人寿保险鉴定或许会将某人定为一个很安全的投保对象，但其申请可能会因为父母的一些经历而遭拒。

有意寻找的无关材料，却很可能会带来诸多价值，我的一个律师朋友就证明了这一点。他曾为一位被亲戚指控失去能力的富有老人辩护。我的朋友知道，他的对手们或许能提出与他一样多的专家证词，甚至比他的更加充分。于是他问自己："我们能得到什么他们得不到的信息呢？"这时他想起，他的客户有一位女管家。他想知道她会对这位老人发表什么言论，于是便去找她打探究竟。

"我很惊讶你会问我这样的问题，"她愤愤不平地回答，"你应该知道，如果他的精神不是百分之百正常，我也不可能一连做了他17年的管家。"在审判过程中，这位管家的证词扭转了局势。那位律师将眼光投射出表象之外，从而取得了胜利。

有的时候，人们对于新信息的需求会牵扯到深刻的挖掘，以至于需要重新接受整套的教育，亚历山大·格雷厄姆·贝尔的故事就是一个例证。贝尔博士说："还是一个不知名的年轻人时，我去华盛顿会见电学权威亨利教授，讨论我关于通过电线传输语言的想法。他告诉我，他认为我的点子有潜质成为一项伟大的发明。但我告诉他，我并不具备使这个点子成为现实所需的电学知识。他回答说：'那就去积累知识吧！'"贝尔博士一生都致力于声音的研究。他比任何人都更了解我们说话时空气中传播的振动的形态。但为了把自己的想法变成电话，他必须掌握一门新的课题，他也的确达成了目标，这门课题就是电学。

在寻找淋病疗法时，德国医学家保罗·埃利希（Paul Ehrlich）对其他领域也进行了几乎同样深入的发掘，才挖掘出他著名的"洒尔佛散"（也称"606"）疗法所需的所有信息。他对于新信息的调查虽然没有贝尔医生那么条理分明，但几乎同样细致无遗。他阅读了一本接一本的书，寻找所对抗的微生物的蛛丝马迹以及什么东西才能在不害死病人的情况下将这种微生物消灭。通过仔细研究分离出疟疾病毒的法国医师阿方斯·拉韦朗（Alphonse Laveran）的详细报告，埃尔利希最终得到了所需信息，也由此促成了他的"606"药剂的问世。据说，这个数字，就是他在通往最终答案过程中所想到的点子的数量。

当航空先锋格伦·马丁（Glenn Martin）制作自己的第一台飞机模型时，他对固定桥梁进行了研究，以便获得可用于飞行问题的关于张力和压力的新信息。为了寻找类似信息，航空先驱威尔伯·莱特（Wilbur Wright）搭建了一个由玻璃覆盖的粗糙盒子，在盒子末端安装了一台造风的风扇。通过风对模型隧道内的微型机翼的影响，他可以清楚地对实际情况进行监测。这就是世界上第一个风洞。莱特兄弟从中掌握到了所需的新信息，这些信息尽管与当时教科书中的科学表格不一致，却是真实有效的。而这，仅仅是大约 50 年前发生的事情。

第三节
分析可以提供线索

正如前一章所阐述的，分析在起步阶段起着不可或缺的作用，特别是在明确我们的目标和使之更加具体方面。借助这些方式，准备工作的方向便更加明确，而将信息挖掘限制在最有利于促进创造性思维的事情上，对节省时间和精力都有益处。

分析在准备、综合和验证阶段也起着至关重要的作用。事实上，分析对于创意的帮助不亚于判断性思维。

有一种分析解决问题的方法，就是把需要思考的部分和需要裁决的部分区分开来。通过这一策略，我们便可以规避那些可能阻碍创造性思维的杂乱。

任何类型的分析都能通过揭示线索来加速我们的联想能力，从而为想象力提供能量。反过来，想象力也会对分析起到指导作用。事实上，在任何形式的思维中，"想象提供了前提并提出了问题，而理性则像计算机一般机械地得出答案。"说这句话的芝加哥大学的拉尔夫·沃尔多·杰勒德博士，是该领域的权威。

就像努力是创造力的核心一样，问题则是分析力的重要支柱。最重要的问题，几乎总是"为什么"，因为因果关系通常是我们能找到的最重要的信息。因此，我们必须深入探究"为什么"和"假如……怎么办"。在此过程中，不要忘记使用你的铅笔和记事本。让我们听从美国牧师诺曼·文森特·皮尔（Norman Vincent Peale）博士的建议，将问题中的每一个信息和因素都列在纸上。皮尔博士表示："这种做法能够明确我们的想法，并把各种因素纳入有序的系统中。如此，问题就由主观变成了客观。"

在设立创意程序时，初步的分析非常重要。在这一点上，威廉·伊斯顿（William Easton）博士强调了他所谓的"框架"的必要性，对于像他这样伟大的工程师而言，"框架"是一个很常用的非常自然的术语。在制定针对创意项目的总体计划时，他首先提到了"明确的目标"，关于接下来的步骤，他是这样说的：

"这些步骤必然会随情况而变化，但在任何情况下，首先要做的都是利用想象力，根据记忆和观察所得的数据构建一个思想框架，以此作为进一步工作的基础。作家会这样运用想象力来为要写的文章列提纲，发明者如此确定正在进行的发明的细节，而科学家也通过同样的方法做出推论，从而为假设铺设基础。没有想象力，就没有框架，思想家也无从着手进行自己的项目。"此外，我们还可以补充一句：没有分析，框架也无法构建。

正如约翰·杜威所指出的，当我们将新旧信息综合起来并将所有信息彼此互联时，创造性思维便能得到加强。正因如此，除了发现新的信息之外，我们还需要通过分析来发现信息彼此之间的关系。例如，通过挖掘相似之处，我们有时可以找到某个共同因素，以此作为指导我们创造性思维的原则。

同理，我们也应该对差异进行分析。无论是想要发现事物之间相反还是相似的关系，都可以用联想的原则作为指导。这也顺理成章，因为将客观信息和主观印象联系在一起的过程，是我们联想能力的一种几乎能自动触发的功能。

比如，我们以接近律①的理念为例（其中当然包括先后衔接，自然也就包含了因果关系）。我们可以针对要调查的任何事物提出这些问题："什么事情会与这件事相继发生？""这件事是和什么事一起发生的？""这件事之前或之后都发生了什么？""这件东西比什么小，或是比什么大？""导致这个结果的原因是什么？"

相似率是联想的第二定律，包括相似、相同、构成和共同因素。因此，针对相似性，我们可以通过这些问题来运用我们的数据："这东西与什么相似？""这件东西与那件东西有什么共同点？""这件东西和那件东西是否完全相同？""这件东西的组成部分又与什么相似呢？"

联想的第三条法则是对比律。因此，我们应该通过提出以下这些问题来运用信息，诸如："这有什么不同？""区别在哪里？""相反的情况是什么？""反过来会怎么样？"

因此，在为一个创意项目做准备时，分析可以帮助我们将信息利用起来，从而增强我们去建立一个模式的能力，而这个模式，则可以充当我们为手头问题寻找解决方案的地图。

---

① 接近律被视为学习、记忆和知识等绝大多数科学理论的基石。指多事件在相近的时空发生，而后，其中一个事件的重复会唤起对其他事件的记忆。

讨 论 话 题

1. 在开始解决一个创意问题之前，有可能出现收集过多信息的情况吗？谈谈原因。

2. 在为一个创意问题做准备时，罗列清单有什么好处？

3. 通过分析得出重要信息时，是否应对信息之间的相互关系加以研究？原因是什么？

4. 分析一般如何揭示出指向可行解决方案的相关线索？请进行讨论。

5. 在分析时，是否应该特别注意事实背后的原因？谈谈原因。

练 习

1. 假设你是一个十几岁男孩的家长，你能想到什么理由说服他在周一到周五之间应在晚上十点钟前上床睡觉？

2. 大多数社区购物中心都会宣传其多样和高质量的设施以及停车方便来吸引顾客。为了增加对顾客的吸引力，这些购物中心还能提供哪些其他便利？

3. 想出至少 5 种基本可以通过简单的杠杆原理运作的事物。

4. 说出 5 种与热水瓶有相似点的东西，并对每种加以说明。

5. 描述出至少 5 项可以对普通的扫雪铲进行的改善措施。

第十四章

第一节
提出大量假设的价值

一旦确定了目标并收集了足够的数据，我们在解决创意问题上的进展便往往取决于积累的假设的多少。假设出的可能性越多，我们就越有可能找到一个或多个能解决问题的方法。

我们这个或这些假设出来的想法和理论，或许会成为解决问题的关键。更有可能的情况是，我们输出的想法可能会引发其他的想法，而这些想法反过来又可能揭示出解决方案。通常，每一个新的假设都可能意味着一系列更加深入的调查，而这反过来又可能被证明是一条通往解决方案的道路。

假设可以是逻辑推理的产物，也可以是麻省理工学院的小詹姆斯·莱恩·基利安博士（James R. Killian, Jr.）所说的"自由畅想"的产物。每一个创意项目，都需要运用这两类心理功能。

归纳推理的运用或许是其中的一个主要因素。想要发掘我们正在研究的材料中的潜在思想，我们就需要将细节整合到整体之中，而在此过程中，我们应该留心英国伦敦大学的查尔斯·斯皮尔曼（C. Spearman）教授所描述的"相关性推理"原则。

通过感知事实与事实、理念与理念之间的关系，我们便能更好地建立假设。当我们想到甲而不是乙，当我们想把某物变大或变小，当我们想要改变事物属性或重新部署组成因素时，在所有这些心理驱动的过程中，我们都是在"推出相关性"，因此，通过归纳法，我们便可以构想出更多也更准确的假设。

然而必须指出的是，在创意工作中，假设这种不太符合逻辑的推测往往是取得进展的关键。在这个过程中，我们可以积累更多备选的理念。想要让这种推测更富成效，我们可以采取许多措施，比如通过某些技巧来引导我们的想象力，关于这些技巧，我们将在后面的章节中讨论。

同样，在构建假设时，无论是通过逻辑推理还是通过"自由畅想"，联想的力量无时无刻不在为我们提供帮助。与合作者共同搜寻备选方案时，联想的威力尤为显著，关于这一点，我将在后面的章节中阐述。

第二节
无拘无束地寻找假设

许多人声称，寻找想法的过程不存在技巧。如果所谓技巧就是指一套严格的规则，那么这种说法也无可厚非。任何想要建立固定规则的尝试，都只不过将"技巧"伪装成某种专业术语罢了。但是，概括性说明形式的原则却可以存在，也的确存在。

积累备选方案的一个基本原则，就是变化。但是，任何直线性的流程中都不允许变化的存在。我们不得不让自己的想象力左躲右闪，要么上坡要么下坡，到头来却几乎无一例外地栽进死胡同中。因为，正如哈利·赫普纳（Harry Hepner）教授所说："创意思想家在开始时难免犯下许多错误，而且在过程中还会在难以控制的幻想和井井有条的方法之间不断左右摇摆。"

不断的变化如何与关联和结合这两个最受创意的学员拥护的原则相契合？答案之一，便是这两个原则也包含在变化之中。虽然大多数新思想是旧思想的结合，但如果我们把自己的创造性工作局限于仅仅对理念进行结合，那就难免抑制备选方案，从而羁绊我们的创造力。

在寻找备选方案时，我们绝不应忽视显而易见的东西，这是因为，有时最好的答案可能就在眼皮底下。除此之外，我们越是无拘无束地挖掘假设性的想法，收效就越好。英国政治家奥利弗·克伦威尔（Oliver Cromwell）说过："不知道自己要走向何方的人，是不会获得成功的。"对于积累各种假设时所需的驰骋的想象力，这句话也非常实用。

疯子的"想法"主要是联想机制发挥作用的结果，而这种联想是最肤浅的一种——通常不过只是根据单词发音建立的联系。但是，我们或许可以从疯子那里得到启发，来提高自己的创造性思维。在寻求假设性想法时，如果能将想法大声地说出来，也就是毫不遮掩自己的"疯狂"联想，我们可能会发现一些非常合理的东西。

科学家很少不对荒谬的事情予以关注。即便是四处飘荡的种子，也能长成丰茂的植物。保罗·德·克鲁伊夫这样评价巴斯德："这是一位充满激情的探索者，他的脑袋不断地发明着正确的理论和错误的猜测，就像无从预测的乡村烟火表演一样将这些点子四处发射。"

想象力越自由，我们就越能收获所谓的灵感，从而获得幸运女神的眷顾。所以雷·贾尔斯这样呼吁："大胆去做吧！将每一个出现在脑中的可行答案立即付诸纸上。强迫自己把想法写成草稿。不要考虑质量，你现在的目标，就是得出大量的答案。写完之后，你的纸上可能满是废话，荒谬得让你不忍直视。那也不要紧。你是在活络被束缚的想象力，让你的思想喷薄而出。"

第三节
数量如何带来质量

数量，数量，无尽的数量！这应是你在积累假设时的主要任务。"就像在航海中一样，看到的景观越多，我们就越有可能到达港口。"这是海军军官约翰·凯博斯（John Caples）使用的类比。这一点对于机关枪也同样适用 [1]。

在我们的众多想法中，有效的很可能只有极少数。因此，想到的备选方案越多，成功的机会就越大。此外，我们有意收集的想法越多，就越容易启动自动自发的联想的力量。

毋庸赘言，我们应该将所有的想法都记录下来。在积累了大量备选方案后，我们可以通过列出清单来积累更多的备选方案。我们应该不断对自己的想象力提问："然后呢？""还有什么可能性呢？"

在制造业中，人们习惯在为新产品设计概念时积累大量的备选方案。例如，在银器制造公司奥奈达公社推出"公社餐具"系列银制餐具中的新款产品时，情形是这样的：首先，艺术家们绘制了数百张新设计的草图。然后，他们在其中选择了一张草图作为起步。接下

---

[1] 指发射的子弹越多，击中的目标也越多。

来，他们在这个既定范围内又绘制了数百张草图，在小细节上稍加变动。最后，他们用手工做出各种勺子的实体模型，并对几十种模型进行各种改动，直到最终的款式脱颖而出。

在为这款最新餐具命名时，人们共考虑了 500 多个建议，并与美国专利局注册的名称进行了核对。在另一个行业中，还出现过大约 70 个人为一款新品想出并写下 5000 多个可选名称的事例。经过科学测试，人们最终在其中选定了一个名字。但可惜的是，大家后来发现这个名字的所有权属于一家小型公司，为了获得这个单词的所有权，他们不得不将这家公司收购。即使是为我最近的一本书寻找书名这样微不足道的任务，大家也列出了 611 个备选书名并进行了测试。

在我们看来，欧文·柏林（Irving Berlin）是一位佳作频出的作曲家。然而实际上，在两部"命中"之作之间，他也会产出许多平庸的"失手"之作。根据美国评论家亚历山大·伍尔科特的说法，柏林是追寻数量的狂人："在事业早期，他的谱曲输出速度非常之高，以至于他的发行商认为最好把他伪装成为几个人。其中，至少有一首歌曲是以莱恩·G. 梅伊（Ren G. May）的名义发行问世的。仔细观察这个罕见的名字的字母，你会发现它们能拼出'德国'（Germany）一词，而'柏林'又恰好是这个国家的首都。"

在写作领域，优秀的作者会想出无穷无尽的备选方案。我亲眼看到一位编辑曾为一篇短社论写了 100 多个可选标题。一个世纪前，一位法国小说家用一句话对数量问题作了总结，此人就是司汤达，他说："我每天都需要三到四立方英尺①的新点子，就像轮船需要煤炭一般。"

---

① 约为 0.084~0.11 立方米。

诚然，有些人会质疑创意过程中是否真的需要以量取胜。一位现已跻身出版人的男士曾经在我面前发表过这样的言论："不需要想出太多的主意，一两个好主意已经足矣。"但对于创意而言，数量孕育质量的原理几乎是不言自明的。对于逻辑和数学，我们产生的想法越多，想出好点子的概率也就越高。同样，最好的点子很少会最先露头。正如英国哲学家赫伯特·斯宾塞（Herbert Spencer）所说："早期的想法通常都是不正确的。"

第四节
创意科学需要数量

多做改变，是科学实验的重中之重。爱迪生的理论要求对各种可能性加以尝试。缓解过敏的疗法迟迟得不到推动，为了查明病因，医疗科学家们开始往人们的皮肤上涂抹各种灰尘、花粉等物质，而治疗方法便是这样找到的。

当实验牵扯到模型制作时，多做尝试的原理也同样适用。我的朋友 C. W. 富勒（C. W. Fuller）博士正忙于他的最新发明时，我问他："你如何胜任这份工作？""哦，"他回答说，"如果说我有什么技术的话，那就是一个接一个地做新模型，直到发现一个看上去最有效的为止。"

以发明显微镜以及关于血液的发现而闻名的列文虎克（Leeuwenhoek），不仅认同大量寻找备选方案，也认可"随性放矢"的效用。在一组实验中，他全心投入，试图弄清楚胡椒吃起来为何有麻辣感。在此过程中，他偶然想到，这是因为每一颗胡椒上都长有可以扎住舌头的尖刺，因此吃起来才有辛辣感。即使是这次最终无果的实验，也在他后来的一项工作中派上了用场。我所认识的每一位现代科学家都很善于挖掘大量的备选方案，用一位研究主管的话来说，这便是进行"试探性尝试"的能力。

查尔斯·凯特林讲述过一个来参观他新发明的柴油发动机的参观者的故事。参观者说："我想和你们的热力学专家聊聊这台机器的原理。""很抱歉，"凯特林回答说："我们这里连一个懂'热力学'这个词的人都没有，更别说是这方面的专家了。但如果你想知道我们是如何研发出这台发动机的，我很乐意带你去看一看。"

他把这个人带到测功器室，给他看了一个单缸装置。凯特林是这样解释的："我们接连做了多种尝试，大约用了整整 6 年的时间，直到引擎自己告诉我们它想要的到底是什么。"

六年来一次接一次地尝试，无休无止地积累备选方案，凯特林说："这是我们所知的唯一方法。"

众所周知，几乎每一位创意科学家的突破性胜利都要归功于某个灵感。然而事实上，这种灵感通常来自各种各样的尝试，是通过积累大批假设而得出的。

绚烂的灵感之所以能够引起如此轰动，是因为这些灵感可以被人加以浪漫化的解读，而灵感背后的真相却往往是黯淡无光的。查尔斯·固特异（Charles Goodyear）发现了一种利用橡胶的新方法①，而且是在他厨房的炉子上做到的。关于他的这项发明，公众知道的大概也就这些。只有少数人能了解，在成功的那一刻之前，他曾花费了多

---

① 固特异发明了硫化橡胶，为美国橡胶工业做出了巨大贡献。

少年的时间寻找灵感。

　　"瓦特发明了蒸汽机——这个主意，是他在一个晴朗的星期天下午散步时想到的。"这是我们大多数人的理念。但这种观点的真实性如何呢？首先，瓦特并没有发明发动机，而是发明了冷凝器，推动了蒸汽动力更广泛的应用。而所谓瓦特星期天灵光一闪的真相又是什么呢？回看历史，在踏上这次具有历史意义的散步旅程之前，他不仅长时间思考过这个问题，而且还致力于努力钻研，并积累了大量假设。

　　关于灵感的真相，法国数学家亨利·庞加莱（Henri Poincaré）曾做过最准确的概括："如果不先由有意识的工作作铺垫，再由有意识的工作作后续，那么这种无意识的工作便不可能也绝不会出成果。"

　　在创意项目过程中，当受阻时，我们需要停下来进行回顾。我们应该从全新的角度对这个问题加以分析，想出其他的解决办法，然后再从头开始。我们可能会发现，我们虽然在正轨上，但却选择了错误的远路。正如约瑟夫·杰斯特罗所说，想象很容易"偏离轨道，破坏思路"。

　　如果在创意项目结束时发现一切已成败局，那么从头到尾重新处理才是明智之举。我们应该对相关数据进行回顾，甚至对目标重新审视，但最重要的是，我们应该积累更多的备选方案。在此过程中，我们应该再次追求数量，天马行空，随心所欲。爱迪生曾说："我要尝试一切——连林堡芝士①也要试他一试！"我们也应跟上他的步调。

---

① 林堡芝士原产自比利时，红褐色的外壳带有刺激气味。

讨论话题

1. 联想的力量在积累假设中起到什么作用？请讨论。

2. 在试图找到假设性想法时，我们应该允许自己"随性放矢"吗？请讨论原因。

3. 为什么在进行假设时，数量往往能够保证质量？请讨论。

4. 科学研究在多大程度上依赖于"随心畅想"？请讨论。

5. 本文中引用的爱迪生的理论是什么？请讨论。

练习

1. 如果你邻居的狗把你最喜欢的郁金香花坛当作近路，你该怎样加以阻止？

2. 男人的手杖已经过时了。你该如何加以重新推广？

3. 如果你是学校的拉拉队队长，你会选择尝试哪些新的技巧？

4. 运用"随心畅想"的思维，考虑如何让餐桌更加有用。把你想到的前十个主意写下来，无论这主意有多么疯狂。

5. 针对未来的新家园，你能想出什么可行的新功能？

第十五章

第一节
孵化期能够引发灵感

创意过程中几乎或完全不需要有意努力的阶段，被称为孵化。这个名词的词根是代表"躺下"的动词[①]，因此，这个词带有有意放松的含义。在医学术语中，"潜伏期"[②]是指传染病的发展阶段，应用于想象力的运转时，这个词语描述的则是想法自发涌入意识的现象。

孵化期往往会产出"灵"机一动的想法，这个阶段之所以能带来灵感，或许也是出于这个原因。由于孵化期的灵感有时来得让人始料未及，因此也被称为"充斥着灵感惊喜的阶段"。约翰·梅斯菲尔德充满诗意地描绘了一幅图景，说一群迷途的创想就像"蝴蝶"一样从我们的思维窗口飞进了脑中。

美国作家亨利·詹姆斯（Henry James）非常重视"潜意识思考的深井"。爱默生每天都会抽出时间，"在小溪前静静沉思"。莎士比亚把孵化称为"想象力令未知事物成形的魔咒"。萨默塞特·毛姆曾写道："遐想是创造性想象力的基础。"

---

① 英文的孵化为 incubation，由 in+cubare 组成，后者意为躺下。
② 潜伏期与孵化器的英文同为 incubaition。

第二节
难以拿捏的灵感

现代科学已经认识到了灵感的力量。在从事了 40 年的生理学研究之后，哈佛大学的沃特·B. 坎农（Walter B. Cannon）博士在他的《直觉的作用》一书中写道："在我年轻时，经常会有不可预测的突发之事，给予我'不劳而获'的帮助。"他对 232 位知名化学家的创作习惯进行了调查，结果显示，超过三分之一的科学家都将功劳归于直觉。

历史上的许多科学家同样强调灵感的重要性。达尔文在他的自传中说："马车走到途中，解决方案突然从天而降，让我大为欣喜，那一刻我至今难忘。"在描述发现四元方程式的情景时，汉密尔顿表示，他是在"和汉密尔顿夫人一起去都柏林，走到布鲁穆桥"时得到了方程解。但是，在得出这些灵感之前，达尔文和汉密尔顿已经付出了多年的深思熟虑。

在文学中，歌德、柯勒律治和无数其他人也同样为灵感所折服，并经常用比喻的方式提到这些灵感。史蒂文森曾经谈到在他入睡时为他工作的"布朗尼"助手 ①。巴里把很大一部分功劳归于"麦康纳奇"——他把他描述为"我的个性中不守规矩的另一半，也就是负责写作的那一半"。弥尔顿将获取灵感的阶段称为他的"干旱期"。他

———————————

① 据史蒂文森所说，栩栩如生的梦境是他创作灵感的来源。他将这些梦境取名为布朗尼。

会为了某个主题冥思苦想，故意什么也不写，一心一意地追寻这些魔咒。有时，他会在夜里叫醒自己的女儿们，向她们口述他的诗歌。

当代作家也有过类似的证词。美国作家埃德娜·费伯（Edna Ferber）写道："一个故事必须在灵感中酝酿数月甚至数年，才能流传于世。"一位较晚出道的小说家康斯坦斯·罗伯逊（Constance Robertson）告诉我："我发现，把一段情节搁置起来，不去担心或强迫自己写下去，这是有好处的。我会在合适的时期进入一个长时间的静止状态。然后，我再面对打字机坐下，把脑海中浮现的一切主意都写下来。我的故事似乎会以一种令人难以置信的方式自动跃然纸上。"

灵感被人阐释为"心智的节奏"，但这种说法似乎诗意有余，说明不足。艾略特·邓拉普·史密斯博士从心理学的角度提出了一个更为清晰的解释："如果发明者的知识和将要使发明成为现实的线索已在带来灵感之光的位置上蓄势待发，发明者内心便会体验到强大的张力……越是接近目标，他就会变得越发兴奋……难怪这种内心张力的突然释放常会被人称为'灵光一闪'。"

以内心张力的形式表现出来的潜意识运动，这似乎是一个关于灵感最合理的解释。但是，或许还有其他说法可以用来解释灵感，其中一种，与动机有关。热情可以点燃创造性思维，而当我们对思想施加的压力超过一定程度，这种热情之火却往往会黯淡下来。通过一段时间的放松，感情的冲动很可能被再次点燃。

另一种解释是，我们的联想能力往往在自由状态下发挥得最为充分。在我们暂缓下来的时候，这位不知疲倦的助手更有可能在我们脑中隐藏的角落匆匆来去，四处捡拾能够组合成创意的神秘因素。

也有人从生理学角度提出了解释，主要将这种现象归于疲劳造成的影响。但迄今为止，还没有一种理论得到普遍接受。归根结底地说，或许灵感就像生命本身一样，永远都是一个谜团。

第三节
被动引导灵感的方式

即便在闲暇之余，有时我们也需要动用一点意志力，为灵感创造合适的条件。例如，当我坐下理发时，通常会对我的朋友兼理发师说："乔，如果你不介意的话，我想安静思考一会儿。"但实际上，我并没有真正刻意去思考，而是任由自己的思想四处畅游。当热毛巾从我脸上揭下来的时候，我所追求的想法往往已经在不知不觉中飞进了脑中。

如此转瞬即逝的灵感，就如小憩之于长眠。经过一段长时间的创作之后，我们应该用更长的时间停下来，以便让自己陷入沉思之中，因为沉思有助于吸引创意的到来。虽然牛顿称自己在沉思的过程中也"无时无刻不在思考"，但他也认为，在努力思考期间花些时间凝视星空是有意义的。

睡眠是最有助于引发灵感的活动，因为睡眠能够加强我们的联想能力，也能补充我们的脑力。在威廉·戴宁格尔（William Deininger）为通用烘焙公司扭转颓势期间，年龄还不到他一半的我曾有幸自由进出他的办公室。

一天，他问我："年轻人，你知道我会在这里偶尔打打盹吗？"我不好意思地承认自己的确知道。他继续道："好吧，年轻人，我想让你知道，这些小睡并不是在浪费时间。我对某个问题冥思苦想，但始终得不到答案。然后，如果困意来袭，我就会打个盹儿，醒来时，解决方案往往就在那里等着我了。"

小睡虽然或许有益，但一夜好眠则更加有效。但是，如果我们一醒来就匆匆忙忙，可能会让一些好的创意白白流失。最好是从容不迫地把早餐吃完，甚至四处闲逛一会儿。这样，就可以防止清早的压力将夜间诞生的灵感萌芽扼杀掉。

在希特勒将美国逼得走投无路时，美国空军中尉伯德特·赖特（Burdette Wright）被迫赶制了大批战机。我认识赖特先生，也很好奇在大脑受如此重压的折磨时，他是如何完成职务所必需的创意思考的。于是，我向他的一位得力助手提问，他告诉我："中午的时候，他会和我们一起吃饭，但吃得很少。然后，他便把自己在办公室里关上一个小时。在这一个小时内，他会躺在沙发上——这是他后来告诉我的——睁着眼睛做白日梦。在这段小憩之后，几乎每天下午，赖特先生都会在自己'无所事事'时想到至少一个好主意并带到会议上探讨。"

被称为"国家点子王"的美国银行家兼经济学家比尔兹利·拉姆尔（Beardsley Ruml），每天都会花一小时的时间把自己锁在室内，除了沉思之外其他什么也不做。他将这种出神的思考形容为"一种注意力分散的状态"。顺便提一句，他坚信，人类有能力随心所欲地打开自己的创意水龙头。还在芝加哥大学担任教授的时候，他曾半开玩笑地向校长罗伯特·哈金斯（Robert Hutchins）发起挑战："如果你不能在接下来的15分钟内给我提个新点子，我就炒你鱿鱼。"

为了培养灵感，洛厄尔·托马斯推荐了一种瑜伽修炼中的方法："在一段时间内深思熟虑、持续沉默——只需静坐一小时，不阅读，也不必用心看任何东西。"

　　"泡澡！"这是美国漫画家唐·赫罗尔德（Don Herold）对于孵化创意的处方。他表示，在淋浴时，我们是绝不能像在浴缸里一样思如泉涌的。约瑟夫·康拉德习惯在洗澡时获取灵感。与他们不同的是，雪莱发现，在浴缸里放几艘纸船，可以帮助他最有效地向灵感的缪斯求爱。当然，众所周知，剃须也是一个很好的诱导创意的方法。而作曲家勃拉姆斯则声称，在擦鞋时，他的脑中会闪现出最美妙的乐曲。

　　马克·吐温认为，通过自我放松来诱导灵感非常有效——即便是通过游戏的方式放松下来。在描述灵感的孵化阶段时，他这样写道："我会用地球的经线和纬线编织一面大网，拖过大西洋捕捉鲸鱼。我用闪电搔首畅想，伴着雷声呼呼入睡。"

第四节
如何以较为主动的方式引导灵感

　　想要最大限度发挥灵感的潜力，一个有效方法就是赋予创意工作更多的时间。想要做到这一点，方法之一就是尽早开始。周一本是牧师的休息日，但他发现，如果他在周一当天而非之后开始准备，那么他的布道便会更加精彩。通过拉长创造性工作的时间跨度，他为灵感提供了更多发挥作用的空间。据说，美国传教士亨利·沃德·比彻（Henry Ward Beecher）每一次布道，都会至少提前两周进行构思。

　　有的时候，我们可以有意把创意思路转向另一个方向，以此来诱导灵感。例如，我在旅行途中偶然想到了一个故事，觉得适合发表在《读者文摘》上。因此我便收集好信息，开始写我的故事。由于没有想出恰当的角度，我没有强迫自己往下写，而是在给儿子的信中草草概述了故事大意，然后就有意将之抛到了脑后。两天后，所需的想法浮现在脑中，我也很快完成了稿子，而《读者文摘》也几乎原封不动地将我的稿子发表出来。

心理学家欧内斯特·迪希特（Ernest Dichter）建议人们彻底改变自己的活动："如果你难以坚持某个目标，那就遵从你的内心愿望，改变目标吧。从事创造性工作时，这一点尤为重要。"爱迪生习惯对几个项目多管齐下，在不同项目之间来回转换。

通用电气公司的研究主管苏兹博士建议把注意力转向业余爱好，他说："我的爱好是滑雪和吹单簧管。实验室的朋友们有人喜欢研究植物，有人收集印度文物，有人则以研究星星为乐。我认识的一位企业高管发现，如果把晚上的时间用来摆弄船舶模型而不是花在钻研报告上，那么等到早上开会时，他的脑子便更有可能充满新的创意。"

珍珠港事件发生的前一年，我不时与尼米兹上将（Admiral Nimitz）共事。即便当时，他遇到的难题已经足以让任何人感觉难以承受了。日后，在主导美国舰队对战日本人的战略时，他所承受的精神压力就更是可想而知了！他的一位助手是我的同事，他告诉我说："上将会长时间地拼命工作，但会在早晨、中午和晚间抽出时间休息。他会在早餐前出去远足，每天早上在我们的射击场练习15分钟。他每周游泳一次，每次不少于1600米，还要么打网球，要么掷马蹄铁，几乎每天都不间断。"

惠特尼·威廉姆斯（Whitney Williams）对好莱坞作家获取灵感的方法进行了研究。编剧赫伯特·贝克（Herbert Baker）会借助钢琴，在等待新想法到来时即兴创作。桃乐茜·金斯利（Dorothy Kingsley）会到工作室对面的教堂里冥想。与丈夫共同创作的米尔德里德·戈登（Mildred Gordon），则会通过出门买新帽子的方式来追求灵感。

想要激发灵感，一种简单的方法就是散步。从梭罗的时代起，徒步旅行就被认为是一种有助创意的方式。一天晚上，在雪城的雨中散步时，我也发现了其中的奥妙。在我的眼中，这个社区就像是美国的一个横截面。借由这个想法，我想到了在那个郡创立一家由1000个家庭组成的消费者研究小组——事实证明，这个微不足道的灵感，却为我的公司带来了诸多成效。

叔本华建议，在孵化期不要分心阅读。同样，英国心理学家格雷厄姆·华勒斯（Graham Wallas）也警告说，被动阅读是"孵化阶段最危险的放松身心的途径"。

既然灵感之中包含着某种神秘的元素，我们不如采取行动，点燃心中的灵魂之火。当英国剧作家和诗人威廉·康格里夫（William Congreve）写下"音乐具有抚慰野蛮心灵之魅力……"时，他大可补充说，音乐也有助于吸引灵感缪斯。参加音乐会不啻一种好方法。一台可以更换唱片的留声机，也是一台有用的设备。

美国发明家罗伯特·吉尔莫·勒图诺（Robert G. LeTourneau）认为，到教堂礼拜往往会助人灵感丛生。推土机的发明，使他走上了人生巅峰。军队发出了一条紧急信息，急需一台能够拾捡战机残骸的机械，一接到这条信息，他和助手们便不顾一切地投入了工作，然而，他们却遇到了一个难以逾越的问题。他告诉助手："今天晚上我要去参加祷告会，也许在那里，解决方案就会自己出现。"就这样，他尽可能地把这个难题从脑海中抹去。在祷告结束之前，他一直在搜寻的机器设计突然跃然眼前。他回到家，当天晚上就把草图画了下来。

许多思想家都推崇到高处寻求僻静。诺曼·文森特·皮尔博士认为，对于创造性的冥想来说，"没有比静谧的高山和沐浴在阳光下深邃幽然的山谷更好的地方了……在这里，我们的头脑变得清晰，也能重新存回创造性思考的能力。"

第五节
捕捉稍纵即逝的创意

关于如何利用通过灵感的形式浮现在脑中的创意，不同的人之间抱有不同的见解。有些人认为我们应该伸出手将创意紧紧抓住；还有些人则认为我们应该不以为意，什么也不要做。

至少有一位创造性思维领域的权威建议我们什么行动也不要采取，甚至要控制自己，连笔记都不要做。但大量证据似乎都在支持我们采取行动，甚至鼓励我们用铅笔迅速将这些创意捕捉下来。作为这种做法的见证者，以下五个人完全可以称得上专家：

芝加哥大学的生理学家拉尔夫·沃尔多·杰勒德主张，随时随地，在点子出现时将其不加修饰地记录下来，他会举这样一个例子："最近，奥托·勒韦（Otto Loew）因证明活跃化学物质参与神经运动而获得诺贝尔生理学或医学奖，他是这样给我讲述得出这项发现的来龙去脉的。控制青蛙心跳的实验得出的结果让他百思不得其解，他为此忧心忡忡，睡眠断断续续，有一天，在床上辗转反侧的他突然想到了一个概率极小的可能性，并想出了证明这种可能性的实验。

"他匆匆记下笔记，然后安然睡到天亮。第二天，他经受了巨大的煎熬——因为他看不清潦草的字迹，具体内容也怎么都回忆不起来，只是记得自己已经得出了答案。那天晚上，他更是心急火燎，直到凌晨三点，灵感再次降临。这一次他没敢冒险，而是立即去了实验室开始进行实验。"

将灵感描述为"仿佛凭空出现的好点子"的雪城大学心理学教授哈利·赫普纳博，非常推崇捕捉每一闪灵光，并在灵感出现时把它安全锁起来。他的结论是："如果没有将灵感记录下来或是追踪到底，或许会导致事后无从弥补的遗憾。"

耶鲁大学哲学教授布兰德·布兰沙德敦促说："当潜意识衍生出种种暗示时，请将它们抓住。……你应该随时准备好一个笔记本来记录这些想法。"

格雷厄姆·华勒斯证实，他许多最好的想法都是在浴缸中产生的，他认为，人们需要防水铅笔和防水笔记本这样的创意工具。

拉尔夫·沃尔多·爱默生也同样坚定地提出了自己的观点："要敏锐地关注自己的想法。就像你家院里的枝头上新出现的鸟儿一样，这些想法也来得悄无声息，一旦你转而去做平时的工作，它们就会消失得无影无踪。"

一位纽约律师使用了一种制作备忘录的巧妙方法。他总会随身携带一叠政府发放的明信片，在上面写上自家的地址。无论是在地铁上还是在浴室里，每当有好主意诞生，他都会记在一张卡片上，然后塞进邮箱里。

作为一名作家，爱德华·斯特里特（Edward Streeter）也同样认为灵感是需要记录下来的。他是这样说的："在我们醒着的每分每

秒，思想之河都在一直流动，而无价的创意就在这条河里流过。我们
要做的，就是在这些创意经过的时候抓住它们。无论我们身在何处，
只要有想法出现，我们就应该粗略地记录下来。不知为何，这种做法
本身似乎就有激发类似创意诞生的作用。"

(讨)(论)(话)(题)

1. 灵光一闪是纯粹自发的，还是提前思考的结果？请加以讨论。

2. 为什么努力工作的创造者会有意留出"无所事事"的时间？

3. 创意的孵化期和青少年的白日梦之间有没有本质区别，如果有，这区别是什么？

4. "带着问题入睡"往往会让你在早晨醒来时想出可行的答案，或是至少让你有一个全新的开始，描述三个你亲身经历过的实例。

5. 若说在"稍纵即逝"的创意出现时该采取些什么行动的话，我们该做什么呢？

(练)(习)

1. 将你知道的文字游戏回想一遍，比如填字游戏，"双离合诗"游戏、拼字游戏、押韵游戏或是自创文字游戏等。针对每一款游戏的旧版本提出一个可替代的新版本。

2. 人们总是拿如何处理旧剃须刀片讲笑话①。提出 6 种可以将旧剃须刀片废物利用的方法。

3. 当你发现 15 岁的侄子在抽烟，你能想出什么办法来劝他停止吸烟呢？

4. 如果你客厅的壁炉里有一只活生生的鸟儿，你会想出什么方法让它重返自然？

5. 如果附近学校的学生经常把车停在你家门前，你会采取什么措施？

---

① 英语文化许多笑话都是从剃须刀延伸出来的，其中不乏与性器官有关的内容。

第十六章

第一节
综合、演化及验证

很大程度上，"日光之下无新事"这句话非常在理。绝大多数想法都是其他想法的组合或改进。正因如此，综合才常常被认为是创造过程中最富有成效的阶段。

综合是分析的对立面，然而，在开始时分析得越充分，在日后便能越好地进行综合。也就是说，在分割问题时越是明智，就越有可能找到能够综合成最终解决方案的信息碎片。

综合的方法通常需要进行一个归纳的过程，通过这个过程，遵照逻辑的步骤，我们会试图把几个具体的想法合并成一个更加宽泛的想法。法国数学家皮埃尔·布特鲁（Pierre Boutroux）表示，笛卡儿曾说过："在解决一个问题时，想象力主要通过数次推理来发挥作用，而这些推理的结果则需要加以协调统一。"看来，笛卡儿所说的"推理"应译为"归纳"，而某位记者或翻译却在引用他的话时出了错。当然，推理也是必需的，尤其是在科学项目中，因为这样，才能从原理推出细节。但从本质上讲，推理的功能在于分析，而不是综合。

虽然逻辑在综合中扮演着重要的作用，但即便在这个创造过程的阶段，联想的力量也扮演着一个重要的角色。正如伊斯顿博士所说的："一个有创造力的思想者是不会产生新想法的。他所做的，其实只是将既已存在于他的大脑中的想法重新组合起来而已。"这句话在某种程度上的确是正确的，联想思维确实赋予人们综合想法的能力。同样，绝大多数的结合基础便是对彼此相似的事物和思想的归类，而相似性则是联想的基石。

第二节
通过演化产生新想法

绝大多数"新"点子的重要演化，都带有拼凑糅合的特质。这些发展几乎无一例外地源于其他想法，要么是通过结合，要么是通过逐步演化的改善。冰淇淋的历史跨越了 1800 年之久，足以说明演化循序渐进的特点。

当我还是个孩子的时候，一位姓麦凯布的太太在我住处附近的拐角处开了一家糖果店。有一天，她给店里买了一台新设备，这样一来，她就可以将冰块刨成雪花状的球，然后在上面浇满调味料做成"圣代"了。对于麦凯布夫人而言，这种调味雪球是新鲜事物，然而，罗马帝国皇帝尼禄在公元 62 年就用过同样的配方。为了庆祝一场角斗比赛，他让选手们从罗马冲向山顶，从山顶带回冰雪，由他的厨师添加蜂蜜调味。

直到大约 12 个世纪后，历史才重拾起对于冰淇淋的记忆，当时，马可·波罗将一种让人眼前一亮的新食谱从亚洲带到了罗马，这是一种与尼禄的冰淇淋大同小异的甜点。两个世纪后，美第奇家族用由女王凯瑟琳命名的"水果冰"作为宴会的压轴美食。在 17 世纪，查理国王付给一位法国厨师一大笔钱，让他为皇室制作冰淇淋，而这位厨师一直没有透露他的食谱。

大约在 1707 年，当《纽约公报》刊登广告宣布第一家冰淇淋店开设时，冰淇淋的创意便从此家喻户晓。据说，在担任总统时，乔治·华盛顿（George Washington）还在住处附近的一家纽约商店买过冰淇淋呢。

美国第一夫人多莉·麦迪逊（Dolly Madison）曾在白宫完全凭手工制作过冰淇淋。而手摇式冰淇淋冷冻机，则是南希·约翰逊（Nancy Johnson）在大约 100 年前的脑力产物。

就这样，一次一次改善和一个又一个新点子堆叠至今——直到爱斯基摩派冰淇淋的出现。现在，冰淇淋上面冻上巧克力糖浆、装在纸盒里的现成圣代也已出现！而更多新的想法，也会层出不穷地问世。

冰淇淋的历史彰显了某个主题新创意循序渐进的演进以及漫长的间隔，也让我们看到，在一个人想出所谓"新"点子的时候，殊不知，与这个点子几乎一模一样的创意早已被世界其他地方的人"捷足先登"了。

发明家可以对别人的想法进行改进，这合情合理，但是，像通用电气的奈拉工业园这样的综合"大脑"，却以自己的想法为基础进行近乎持续不断的改进。以下是通用电气公司的科学家们在工业园研究中心研究灯具时进行的重点记录，记录的时间只跨越了短短 20 年，从爱迪生发明第一只白炽灯的 25 年后开始。

1905 年，一种经电处理的新灯丝使灯的效能提高了 25%；1911 年，一种全新的坚固金属灯丝提高了灯的效能；1912 年，新的化学"收气剂"减少了灯泡发黑的现象，使得更小尺寸的灯泡在任何给定瓦数下都可使用；1913 年，充气灯出现，效能再次出现大幅提高；1915 年，人们对卷绕式灯丝进行了重新设计，使其不再下垂。这也意味着光照再次更强，灯泡使用寿命更长；1919 年，无尖灯泡问世，这不但减少了破损，也改善了外观；1925 年，玻璃灯泡的打磨过程从外部改为内部进行。这一过程让我们得以使用散射光线的柔和灯泡，而输出功率几乎没有损失。从那之后，类似的改善层出不穷，获得的成效也越发显著。

第三节
构思中的时间因素

想法是循环往复的。我有一个朋友最近发明了一种全新的管道装置，却发现这一发明在 40 年前就已经获得了专利。这种事情，向来屡见不鲜。

杜鲁门政府期间，我参观了奈拉工业园，并向通用电气的副总裁 M. L. 斯隆（M. L. Sloan）提问："杜鲁门总统推广了领结，你有没有听说过有个伙计利用了这股潮流，想出了一款在两头各安装一盏小灯的新型领结？"

"我听说了，"斯隆先生说，"我也很感兴趣。30 年前来到这里工作时，我的第一个任务就是与一位想用小灯盏作领带夹的客户合作。"

有时候，一个人心中或许会长出某个主意的种子，但却无法让它成长起来。在西南部的一个小村落附近，我看到一群人站在一块空地上，出于好奇，我也加入了人群。吸引大家的是一位摄影师，只花 25 美分，你就能坐在 450 公斤重的车上，让他给你拍照。他用他那台黑色的盒状相机指向我，按下快门，然后在相机中摸索着，只用了大约一分钟的时间就把完成的照片递给了我。他的名字叫罗素·张伯伦（Russell Chamberlain）。22 年以来，他随身携带着自己用一只旧午餐盒做成的自动冲洗相机，走遍了整个美国西部，拍下了许多照片。虽然他的成品是一种湿版照片，但我忍不住想："16 年后，宝丽来科学家开发和完善了一款与之类似但性能大幅提升的多功能照相机。如果罗素·张伯伦没有停止发明的脚步，而是致力于继续改善发明，那又会是怎样的光景呢？"

许多专利都是基于别人最先想到但却没有采取任何措施的想法发明的。还有更多的专利，则是对其他人想法的适度改进。还记得50 年前一个职员因为没有什么东西可以发明而从美国专利局辞职的故事吗？从那时起，已有超过 100 万项新专利得到了批准。我的专利律师马尔科姆·巴克利（Malcolm Buckley）博士表示："现在，美国每年大约颁发 5 万项专利，其中大约 4 万项只是对已获专利的想法进行的改进。"

即使是一个具体的创作项目，也需要投入大量的时间——我们应该意识到这个事实，以免因气馁而过早放弃。"发明因循序渐进的改善而日臻完美，"约瑟夫·杰斯特罗说，"过程中所采取的每一个步骤本身，就足以称为一项发明。"

1867 年，钢琴调音师克里斯托弗·肖尔斯（Christopher Sholes）发明了打字机，并用他刚刚制成的机器打出了一封给美国商人詹姆斯·登斯莫尔（James Densmore）的信。登斯莫尔同意对这项发明提供赞助，但他发现，这台打字机漏洞百出，以至于肖尔斯不得不在接下来的五年里不断进行改善。直到 1874 年，枪械制造商雷明顿父子公司才销售出第一台由肖尔斯设计的打字机。顺带解释一句，讽刺的是，第一台计算器是由法国数学家布莱斯·帕斯卡（Blaise Pascal）发明的，比肖尔斯发明第一台打字机早了225年。

如托马斯·爱迪生一样做事风驰电掣的人，很早就意识到了想法的成形需要多长时间。"许多人认为，一项发明是整体呈现在人的脑中的，"爱迪生说，"但事实往往不是这样。举例来说，留声机的发明就是一个漫长的过程，是一步一步成形的。对我来说，这个想法要追溯到美国内战时期，当时的我，还是印第安纳波利斯的一名年轻的电报员。"那是1864年的事情了，直到1877年，爱迪生才做出了他的第一个粗略的模型。

除此之外，一个想法也可以超前于时代，就像法国物理学家利昂·福柯（Leon Forcault）的陀螺仪。他在1852年完成了一台证明地球自转的发明。因此，陀螺仪在当时的唯一用途，便是证明一些众所周知的信息。然而，当美国发明家埃尔默·斯佩里（Elmer Sperry）设计出陀螺罗盘时，却得到了飞机和现代远洋客轮的热切追捧。

当苏格兰工程师罗伯特·汤普森（Robert Thompson）在1845年发明充气轮胎时，机动车还尚不存在。然而在1888年，另一位苏格兰发明家约翰·博伊德·邓洛普（John Boyd Dunlop）对汤普森的发明进行了改进，他的新型充气轮胎恰好满足了当时正如滚雪球般日益增长的需求，因为，汽车业已登上历史舞台。

有的时候，有些想法需要等待其他想法诞生才能发挥作用。例如，医学虽然在诊断领域取得了长足的进步，但这些新的创意很大程度上取决于探索人体的新方法。从X射线荧光屏能用不到一秒便显示出胸腔内部的状况开始，结核病的诊断就向前迈进了一大步。

荧光镜的出现，使医生观察活体器官的实际运作成为可能。这种内置相机再次让我们看到创意是如何通过一次次改进而日臻完善的。这个想法的基础由德国物理学家威廉·伦琴（William Roentgen）最先提出，后来被托马斯·爱迪生改进。一个名叫卡尔·帕特森（Carl Patterson）的不知名人士在他的家庭实验室里发明了最终制造出 X 射线荧光屏的新材料。

神的磨盘慢慢转①，而思想的进步也需要时间。人类发现火之后的数千年中，在烧木头的炉灶被发明出来之前，人们几乎没再想出任何烹饪食物的新方法。然后，在短短几年中，煤炉、煤气炉、电炉便纷纷出现。现在我们有了 Radarange 微波炉，能在 4 分钟内烹熟 2 公斤多的肉品，在 75 秒内烹熟一只活龙虾，也能在 35 秒内烤好一块蛋糕，在 15 秒内将爆米花爆好。

有的时候，发明家可以想办法将创意应用到其他方面，以此来克服时间所造成的限制。埃及人在公元前 120 年就开始使用蒸汽，但只是用来纺织玩具。如果那位亚历山大港的思想家不满足于只将蒸汽用于儿童的娱乐，而是自问"蒸汽还能有什么其他用途呢？把它当作节省劳力的工具怎么样"，那么在接下来的 16 个世纪里，整个世界或许都会因蒸汽而受益。

---

① 英语俗语，原意指天网恢恢疏而不漏，老天总有一天会让作恶之人受到惩罚。

第四节
"新"观念的过时

　　我们从创意循序渐进的演化中可以学到的最重要的经验，就是改进的脚步是永远不会停歇的。有一天，在去俄亥俄州代顿的通用汽车研究实验室的路上，我对这一事实有了深刻的认识。在经过几幢废弃建筑时，我问朋友那些建筑是谁的。代顿的朋友回答我："伟大的巴尼史密斯公司曾经就是在那里建造世界上大部分火车车厢的。当铁皮火车出现时，他们却仍然坚信木制车性能更好。这就是公司倒闭的原因。"

　　汽车的早期发展，并非一个人或一个员工持续改进的结果。"汽车之父"戈特利布·戴姆勒（Gottlieb Daimler）于1884年开始生产汽油发动机。1891年，汽车制造商潘哈德和勒瓦索尔将戴姆勒的发动机用在了世界上第一辆商用汽车上。

　　参考书将美国制造和销售第一辆汽车的功劳归于美国工程师查尔斯·埃德加·杜伊尔（Charles E. Duryea），但事实上，杜伊尔的弟弟詹姆斯·弗兰克·杜伊尔（J. Frank Duryea）才是美国第一辆汽油汽车的创造者。他在1892年到1893年间开发出第一个模型。1895年，他在芝加哥举行的第一届美国汽车锦标赛中获胜，唯一的竞争对手，便是从德国进口的奔驰汽车。1896年，他制造并出售了12辆"杜伊尔"汽车，其中一辆卖给了玲玲马戏团。

　　与此同时，亨利·福特也正在忙着完善他自己的汽车，但直到1903年才开始进行商业销售。凑巧的是，莱特兄弟也在这一年驾驶美国第一架飞机升空，从本质上来说，这架飞机其实就是一台用翅膀代替了轮子的新版本汽车。

早在 1879 年，纽约州罗彻斯特市的乔治·塞尔登（George Selden）就为一种以汽油发动机为动力的公路用车申请了必要专利①——比世界上任何汽车都早了 12 年。塞尔登想出了这个主意，却眼睁睁看着亨利·福特等人不断冲刺，放任他们一次次加以改善，并真正将汽车的生产付诸实践。

早年的亨利·福特几乎能以一己之力抵过一整支创意团队。在积极活跃的一生中，他的一部分传奇之处，便在于不断地改进试错。例如，在采纳他的第一台拖拉机的最终方案前，他已经连续设计了 871 个模型。

大约在 1910 年，皮尔斯银箭是最为众所周知的汽车品牌。有一段时间，仅仅是"皮尔斯银箭"这几个字就能轻易卖出 100 多万美元。但是，当竞争对手们不断创新，将汽车打造得更好且更便宜的时候，皮尔斯银箭的工程技术却停滞不前。就在公司倒闭前，有人试图将皮尔斯银箭的品牌名卖出，但在那时，没有任何一家汽车制造商愿意以任何价钱购买这几个字。

在 68 岁时，通用磨坊总裁詹姆斯·福特·贝尔（James F. Bell）曾经说过："借助想象力的刺激，我们可以带着兴趣和疑问看待日常琐事、机器或其他的一切。"我们可以说："没错，这东西很好，但怎样才能加以改善呢？"任何个人或公司所面临的一个最大的危机，就是他们在经历了一段蓬勃发展或顺风顺水的时期之后，便开始相信过去的方法是绝对正确的，放在瞬息万变的全新未来也同样适用。 如

---

① 必要专利亦称标准基本专利，要求发明必须用于符合一定的技术标准。

果想要持续不断地享受成功，我们的思想、方法、商品和服务必须总要"超越他人"。

第五节
验证的重要性

关于创意的发展的最后几节似乎有些失序，因为这一章加上创意的前五个阶段本应将创意过程的七个阶段全部涵盖在内。但是，思想的演化在综合这一阶段中至关重要。因此，书中才出现了这种看似绕远的内容。

探讨了起步、准备、分析、假设、孵化和综合之后，在所谓的创造性过程中，唯一剩下的阶段便是验证。

对于任何创意项目而言，这一最后阶段都是必不可缺的。之所以没有单独给它设立一个章节，是因为验证从根本上需要的是判断，而不是想象。而这本书致力于关注的是创造性思维，而不是判断性思维。

如前所述，我们必须依靠自己和他人的判断来加以验证——不仅是为了检验我们的最终结论，这也是一种中间阶段，以便专注目标，将不适宜的假设剔除。

当然，测试是最可靠的验证形式。通用电气、通用汽车和其他产业的研究实验室所提供的伟大试验场，便能很好地证明这一点。而杜邦公司和许多其他创意公司的试点工厂，则提供了进一步的证据。克莱斯勒等公司所采用的车辆道路检测，也是验证这一阶段的最佳范例。

　　随着消费者评审团、实地调查和报纸杂志的读者研究的快速发展，验证的波及范围已经远远超越了少数群体。这些利用众人综合判断能力的新方法，以及对新思想予以评判的新工具，都是人类想象力的产物。因此，即使在验证领域，创造力可以、也确实发挥着重要的作用。

讨论话题

1. 分析和综合的区别是什么？请加以讨论。

2. 为什么综合经常被人誉为创造性成就的关键？请加以讨论。

3. 概述冰淇淋从起源一直到现今的发展。列出其演化过程中的主要步骤。

4. 讨论验证的重要性以及进行验证的最好方法。

5. 说出三家曾经辉煌一时，但因为别人想出了更好的办法而萎缩或消失了的企业。

练习

1. 想出 5 种使用"光电探测器"的新方法。

2. 为 10 岁以下的儿童发明一种娱乐用的新玩具。

3. 描述一种你认为可能会大受欢迎而又有别于当前市场上任何一种产品的糖果。

4. 围绕这几个词写一首广告歌：居民、黎明、敏捷、艾森豪威尔。

5. 如果你认为自由职业艺术家的原画可以在超市进行成功出售，你会为这门生意采取哪些起步措施？

第十七章

第一节
情绪驱动对创意的影响

在所有的工作过程中，效能都取决于情绪的驱动。同样地，在前文章节所述的创意过程中，情绪的驱动也扮演着很重要的角色。甚至连看似自动自发的联想能力在很大程度上也是我们所产生的能量的副产品，就像物理中的动量是之前所施力量的结果一样。

创造能力可以被分成两大主要类型——即情感型和意志型，但二者是不能清晰区分开的。事实上，我们的驱动力几乎总是同时根植于我们的情感和意志中。

根据威廉·伊斯顿博士的说法，在创造能量的源头中，情感是较为强大和普遍的一种。伊斯顿博士说："即使是科学家，也必定会被热情、奉献和激情所激励。因为创造性思维并不是一个纯粹的智力过程，相反，思想者自始至终都是被自己的情感所支配的。"

当今的脑外科医生已将情感与想象联系了起来。他们的手术刀证明，每个人的大脑中都有一个可以创造想法的部分。这个部分被称为"沉默区域"，因为它控制不了身体的运动，与我们的所见所闻或身体感知毫无关系。这个区域的后面，是一块叫作丘脑的组织。我们的基本情绪，便集中在这片脑叶中。

我们早就知道，在情绪压力下，想法会流动得更快。而今我们也知道，人类管理情绪的脑叶通过神经连接到额叶，从而对创造性思维产生影响。治疗精神错乱的新型手术会将管理情绪的脑叶与"沉默区域"之间的联系切断。很明显，精神外科的这一发展从生理学角度提供了证据，表明人类大脑的创造性部分不仅与情感有关，还受到情感的驱动。

第二节
恐惧是一把双刃剑

长期挥之不去的恐惧可以驱使人调动满腔热情来应付问题，路易斯·巴斯德的例子就说明了这一点。巴斯特一看见狗就胆战心惊。即使是遥远的狗吠也会折磨他的心灵，让他回忆起童年时一只在村里肆虐的患了狂犬病的恶狼，并想起那只狼所致的咬伤如何让几位邻人癫狂发疯、染病死亡。

巴斯德研制的保护人体的疫苗震惊了世界，几十种致命的疾病都急需他发挥天才。但突然间，他却放弃了一切，开始疯狂地寻找狂犬病的秘密。就这样，童年的记忆将巴斯德推向了一个崭新的领域，尽管因这种病丧命的人相对而言尚属少数。那是 1882 年，他已年过六旬。

在漫长的三年时间里，他冒着生命危险与疯狗生活在一起。最终，他研制出了一种可以治疗狂犬病患者的疫苗。1885 年 7 月的一个晚上，他在一个看似注定不久于世的小男孩身上进行了第一次注射。男孩最后竟然活了下来。这是巴斯德一生的遗作，也或许是给予了他最大成就感的一次胜利——因为，这次发明与 50 多年来一直折磨着他的那撕心裂肺的惨叫之间，有着如此之深的渊源。

当恐惧以突如其来的惊恐的形式出现时，我们的想象力往往会随之飙升。但这并不意味着危机会让我们的创造力变得更强，这只是说，紧急状况可以让我们的感情驱动高速运转起来。拿破仑非常重视人的这种特性，他认为，精神的兴奋能将已获的知识与想象融合在一起，当即便能产生成功的战略和战术。

对于拿破仑，事实或许果真如此，然而，为创造力制定更加稳定的规划，才是更加可靠和有效的举措，艾森豪威尔夫妇就是这种做法的典范。通常，只要还有时间区分坏主意和好主意，我们大可允许自己的想象力尽情发挥。然而，当极端的激情占据了头脑，想象力便容易一发而不可收了。

许多证据都已证明了这一事实，火灾是一个尤为明显的例证。当亚特兰大的温哥夫酒店着火时，人们在绝望中想到的方法却为自己凿下了坟墓。为了救小儿子，一位住在七楼的妇女把他从窗户上扔了出去。一个小女孩用她的被单做了一条绳子，试图爬到差一点就能够着的消防梯上。谁知，她却因为没有抓紧而摔死在酒店入口的遮檐上。

恐惧是一种非常危险的驱力，因为这是一种动物性的冲动，会把我们拉回到心智尚未开发时的水准。正如哈里·福斯迪克博士所说："恐惧能够不经大脑控制地起效。"具体来说，在此状态下产生的想法，会在不经大脑评判的情况下被付诸实践。

对于惩罚的恐惧可能会迫使人们的身体更加努力地工作，但据百路驰轮胎研究主任霍华德·E. 弗里茨博士表示，强制往往会限制想象力。他表示："为了引导创造性思维，我们不能动用支配或威胁的方式。而且，这样的方法不会、也不能激发灵感。"

弗里茨博士补充说："灵感是、也只能是自由人的产物。"如果真是这样，那么民主就为创造提供了最健康的环境。幸运的是，在美国，有创造力的人士不会因为担心政治信仰对家庭施加的压力而噤若寒蝉。为了避免自己的政权垮台，极权主义统治者就必须得让人人都惶惶不可终日。

二战结束后，美国政府将马克斯·E. 布莱奇格（Max E. Bretschger）博士派往德国，这是一位极有创造力的美国化学家。他的任务，就是确定德国科学家在为高技术战争设计新化学制品方面比美国领先多少。德国化学家的创造力是众所周知的。不难想象，在纳粹的鞭笞下，他们应该有动力争取超出美国化学家很多的成就。

"事实却并非如此，"布莱奇格博士这样回答，"令我们吃惊的是，我们的思想竟然走到了他们的前面。"原来，由于太过担心自己的生活被希特勒掌握在手中，这些化学家们竟无法将精力完全集中在工作中。

第三节
爱与恨的影响

爱可以提供一种稳定的动力。对国家的热爱，激励成千上万人民想出了推动二战胜利的点子。他们对远在前线的儿子、丈夫、兄弟和爱人的感情，也使他们的爱国主义精神得到了增强。身为母亲和祖母的弗朗西丝·赫尔曼（Frances Herman）夫人，就是一位杰出的战时创作者。她想出了一种方法，为军械的生产提速逾 33%。谈到自己的成就，她表示，这一切只因自己的儿子穿着军装，另外，这些额外付出的心血也使她感到，"在国内的我们仿佛构成了第二条战线。"

爱情能促使普通女性不断为家人出谋划策。毫无疑问，母性本能的强大驱动力已受到了科学的确凿证明。其中，哥伦比亚大学的一组科学家表明，即便对于动物来说，母性的驱动也能比口渴、饥饿或性欲促生出更大的力量。

有的时候，化为悲伤的爱能够强化创意驱动力。一位来自多伦多的年轻女孩[1]就是如此，第一次尝试写歌时，她便写成了一首轰动一时的金曲。她的丈夫是一位年轻而英俊的钢琴家，却在两人结婚后不久不幸离世。她只能独自面对未来，一直不愿打开钢琴的琴盖，直到有一天晚上，她突然决定写一首歌来将心中的悲恸付诸曲中。她成功了，《我再也不会微笑》便是这样诞生的。

同样，由爱生恨也可以把人提升到创造的高度，比如说，为了报复一个女人，一个男人便发明出了一支伪装为相机的手枪。据贝尔维尤医院的说法，他只是一个"智力一般"的人。长期以来，他一直是个一无是处、游手好闲之人。他的妻子把他赶了出去，而在仇恨的驱使下，他却能发明出一台杀人机器来。

《时代》杂志将这台机器描述为"一款由奶油芝士盒、电线和一只带有烤豆标签的空铁罐巧妙设计的相机盒"。相机盒中藏着一支 12 口径的单发短管猎枪。诡计多端的他找了一个女孩，并带着她一起找到第一任妻子，以便用这台致命的相机"拍下她的照片"。他给女孩杜撰了一个故事，说他是位侦探，而他的跟踪对象则是一位珠宝大盗。那个傻乎乎的女孩竟用那台"照相机"射断了那位妻子的一

---

[1] 指加拿大钢琴家露丝·罗威（Ruth Lowe）。

条腿。

多么丰富的想象力！如果能用合适的情绪和合理的意志加以驱动，那么此人的想象力本应上升到怎样的高度啊！

第四节
野心，贪婪，逆境

安德鲁·卡内基（Andrew Carnegie）曾经这样向一群学生致意："我的话只讲给你们当中那些想成为百万富翁的人听。"对于金钱的贪婪的确能为所有的事业提供情感驱动，其中也包括创意事业。"但是，"W. B. 韦表示，"点燃创造性思维之火的原动力远比黄金的诱惑更微妙也更有力。而提供这种神奇动力的，往往是一种心智上的冒险精神。"没错，就是冒险精神，而另外我们也要承认，产生动力的，还有伪装成为"自我实现"的虚荣心。

对于贫穷的恐惧，甚至要比对富有的渴望更加强烈，这个事实，使得逆境成为创造性事业的盟友。许多最有创造力的人，都是长期受到饥饿或迫害、抑或两种痛苦兼受的移民祖先的后代。而他们业已美国化了的孩子，都遗传了与逆境中长大的孩子们类似的强烈欲求。

即使在一代人以前，贫民院的阴影也促使印第安人努力奋斗，将努力养成了一种习惯，而这种习惯，也正是想象力的源泉。我知道，对我自己而言，我长期以来的驱动力来自童年的不安全感。一天晚上，睡梦中的我被隔壁房间的声音吵醒，那也是我对童年最深刻的记忆。当时的我只有 6 岁，但时至今日，我还几乎完整地记得父亲在床上对母亲说的话：

"没办法，基蒂。我要失业了，我们得精打细算才能勉强维持生计了。我们的积蓄还不够维持几个月的生活，我很担心你和孩子们。"

最后，两人终于入睡，但我却一直醒着。一个小时之后，大约凌晨四点，我走进卧室把他俩叫醒。"我听到你和妈妈在说话，"我对父亲说，"醒了之后我怎么也睡不着。不要担心钱的问题。还记得去年圣诞节你们送我的那盒铅笔吗？我现在还留着呢，只用到街角去，把铅笔5美分一支卖出去，这样就够我们花了。"毫无疑问，当时的我对这场危机有些小题大做，但这确实刺激我养成了一种无可救药的努力的习惯。

正如爱尔兰小说家乔治·摩尔（George Moore）所言，"贫穷时，缪斯与我们同在；富有时，她却弃我们而去。"解除了经济压力之后，一个人必须给自己注入一些迫切的感觉。杰拉德·卡森（Gerald Carson）是纽约一位成功的创意人士，当被问及他是如何迫使自己的想象力迸发时，他回答说："我只需让自己想想，我的小孩得买新鞋了。"卡森家境殷实，他的孩子完全没有理由为这种事操心，但他仍然用这种方法重建了困窘时的那种动力，从而激发了自己的想象力。

想要最大限度地利用想象力，所需的动力往往是内在欲望和自我激励的混合。即便是这些因素，也可能会不时地发生变化。在英国作家迈克尔·萨德莱尔（Michael Sadleir）对安东尼·特罗洛普母亲的分析中，他说："她写小说首先是出于迫切的需求——然后才出于追求志趣和利益的习惯。"因此，一个人可能首先要受到经济上的迫切需求或其他强烈情感的驱使，然后才会受到习惯的推动。即便是习惯的力量也有逐渐减弱的可能，如果这样，你还可以将公众的赞誉作为主要的动力。

但是，根据埃德娜·费伯的说法，努力的习惯是一种最可靠的选择，她在自传中写道："和成千上万的人一样，我也一向是个工作崇拜者。对于工作，我不知休止。工作是一种镇静剂，一种兴奋剂，一种逃避，一种锻炼，一种消遣，一种激情。朋友有靠不住的时候，乐趣有消减的时候，情绪也有低落的时候，而我的打字机就在身边，那个我无所不能的创作世界就在身边。在过去 25 年里，我每天都在工作，也热爱这份工作。我在卧病期间工作过，在欧洲旅行途中工作过，在火车上也工作过。柴棚、浴室、船舱、车厢、卧室、起居室、花园、门廊、甲板、酒店、报社、剧院、厨房，都曾经被我当成写作工作室。在我的世界里，没有什么比工作更令人满意、永恒和持久的了。"

虽然很少有人会承认，但创造性努力的习惯一旦养成，人们便会拿纯粹的乐趣作为创意的驱动力之一。许多在工作中为了想出点子绞尽脑汁的人，其实非常享受用各种点子作为消遣。有一次，一本著名杂志的编辑在搭乘火车时有两个小时的闲暇时间，为了自娱自乐，他便把自己想象成一份周报的出版商，这份周报只有一人撰稿，而他只得勉强度日。他假设刊物的发行量只有数百份而非实际的数百万份，而在火车到站之前，他已经想出了大约 50 种应对计策。

从长远来看，相比于恐惧、愤怒、爱、悲伤、恨或欲望等情绪的驱动，创造力还是由习惯和好奇心等非情感因素来驱动更为可靠。有的时候，这些刺激之一会释放出无比强大的力量。但是，这种力量太不稳定，难以依靠，而且还很可能会削弱推理能力进行，而如果想要创造出有价值的创意，推理能力又恰是想象力所必需的。总之，作为人类，我们不能像控制意志那样轻易地掌控情感。因此，为了增加我们的创造力，最好还是将希望寄托于驾驭意志上。

讨 论 话 题

1. 情感驱动在哪些方面能让我们更有创造力？请进行讨论。

2. 情感驱动在哪些方面会妨碍好主意的产生？请进行讨论。

3. 热爱是创意的可靠驱动力吗？请引用证据说明。

4. 对财富的渴望和对贫穷的恐惧，哪一种情感更有益？请进行讨论。

5. 思考别人的问题是否比思考自己的问题时更有创意呢？请进行讨论。

练 习

1. 想象你正在一个拥挤的剧院里表演。突然，后台传来尖叫和一声"着火了"，你会怎么做？

2. 如果你乘坐的一艘汽艇在外海中遭遇意外，而且舵也出了故障，你要如何把船驶向港口？

3. 如果一个 6 岁的孩子只要不遂意就发脾气，你会怎么做？

4. 如果你突然受邀为和平祈福，你会说些什么？

第十八章

第一节
努力对创意的影响

许多人都认为，在身体上竭尽全力非常容易，然而，却很少有人愿意尝试在精神上发挥全力。这一悖论有助于解释为什么有这么多人都没能将创意发挥到极致。

我们可以轻而易举地让自己的大脑通过非创造性的方式工作，比如大声背诵或在心里默念主祷文。即便是于除夕夜站在纽约的时代广场，即便是在震耳欲聋的嘈杂和让人眼花缭乱的景象之中，我们仍可以毫不费力地做到这一点。没错，正如阿诺德·本涅特所说，我们"可以每时每刻、在任何地方对大脑强加控制"。但是，如果不付出真正的努力，我们就无法驱动想象力。爱默生把思考称为"世界上最困难的任务"，他所谓的"思考"，一定是指创造性思维。

少数人仍然相信天才可以不费吹灰之力就迸发出各种创意。但天才们自己却不这么认为。

化学工业学家威拉德·亨利·道（Willard Henry Dow）博士曾在海水中提炼出镁元素，从而协助美国打赢了二战，但是对"科学奇才"这一名号，他却公开反对。对他而言，"天才"没有什么特殊之处，只不过是勤奋努力而已。即使是对于埃尔斯沃思·米尔顿·斯塔特勒这样的人，想法也不是信手拈来的。他的私人秘书伯特·桑布罗（Bert Sanbro）告诉我："尽管酒店界都认为埃尔斯沃思是个天才，但我知道，他每一个伟大的想法都来自辛勤的汗水。"

电气工业是人类想象力的一座丰碑，通用电气公司中就有许多所谓的天才。如果你仔细研究他们的理念，就会发现其中与美国工程师查尔斯·艾尔文·威尔逊（Charles E. Wilson）在担任通用电气总裁时的一句话是一致的："没有什么黄金战车能把你带到目的地去。"

即便艺术领域也是如此。在大多数作家眼中，创作能力的起起落落就是"创造力的节奏"。由于每个人每天的才能都大致相等，因此，这些起落只能归结于能量的循环，而这一事实也有利于证明，我们的创造力取决于有意的努力。

相比之下，刻意思考的人本来就寥寥无几，而绝大多数人完全想不起自己曾几何时沉浸于思考之中。一位来自瑞士的绅士的做法较为极端，他对自己在世的 80 年时间进行了详细记录，计算出自己在床上度过了 26 年，在工作中度过了 21 年。他在吃东西上花了 6 年时间，在生气上花了将近 6 年，浪费了 5 年多的时间等待迟到的人。刮胡子用了 228 天，骂孩子用了 26 天，打领带用了 18 天，擤鼻子用了 18 天，点烟斗用了 12 天。在他的一生中，大笑只占据了 46 个小时。根据他的记录，在这 80 年里的时间里，他竟没有花任何时间进行思考。

意大利医生巴蒂斯塔·格拉西（Battista Grassi）把人类分为三类：用脑工作的人；假装用脑工作的人；连假装都懒得去做的人。格拉西说："除了第一种人，其他人大多无法鼓起勇气去下充分发挥想象力所必须下的苦功。"

第二节
专注是创造的关键

德国心理学家非常关注他们所谓的"Aufgabe"。用最简单的术语来说，这个词意思是全心全意集中精力。有的时候，我们可以通过加强兴趣来助长这种专注。

拥有赚钱这样的目标时，意图便会变得更强。想要让意图的强烈程度更进一步，我们还可以让目标变得更加具象——比如思考如何获取购买新房所需的资源。我们可以通过采取行动来强化意图。威廉·伊斯顿表示："这样做就等于设置了一个陷阱。这能够调动我们的兴趣，从而将想象力立即被诱导出来，这样一来，你的脑力就可能完全投入于去达成目标了。比如说，一个作家可以通过为所写的文章设置不同的标题来调动自己的兴趣；科学家也可以通过绘制实验中使用的仪器示意图来达到同样的效果。诸如此类，不一而足。"

对于那些只用专注于自己感兴趣的任务的人来说，自我启动[①]并非那么必要。但是，对于那些经常经手一些让人感到乏味的工作的产业研究员、插图画家、广告人以及其他从事商业活动的人而言，则必须强迫自己带着足够强烈的意图开始创造。想要支配自己的想象力，就一定要充分调动起强烈的兴趣来，无论这兴趣是否属于自发。

有目的的沉思通常卓有成效，但很容易被我们周围的人误解。

[①] 心理学用语，也译为"自我促发"，指暴露于一种刺激的影响后会对随后的刺激产生没有意识或意图的反应。

我一位律师朋友的妻子经常批评他晚上只是坐着思考。在辩赢了一桩最赚钱的案子后，他温柔地责备她："我希望你现在能理解，晚上坐在这里做'白日梦'的时候，我其实是在进行最辛苦也最赚钱的工作。因为我在认真思考自己的策略。"

根据菲利克斯·法兰克福（Felix Frankfurter）大法官的说法，人们在冥想上的投入还嫌不够。被许多人视为美军空军创意天才的洛里斯·诺斯塔德（Lauris Norstad）上将是他的朋友，一次，法兰克福法官这样责备他："你只是一个管理者而已。如果工作做得到位，你便会每天用三四个小时的时间管理工作，并把其他的时间用在思考上。"

想要在沉思的同时集中注意力并不容易，正如一位女作家所言："有一次，在烫一件衬衫时，我曾经试图将思想所及的一切事物记下来。但后来，我的脑子便跟不上了。我的思想像个醉汉一样四处游荡，却根本无法有效思考。想要从四散的思绪中得到收获，我必须用绳子套住和捆住思路，还要耐心静坐等候。我认为，想象力训练中应该包括针对注意力本身的练习。"

阿诺德·本涅特坚信，思维能力的磨炼非常必要，他也相信，想要达到这个目的，就要依靠持续不断的实践。他表示："离开住所的时候，请将你的思想集中在一个问题上——刚开始时，无论集中思考什么想法都可以。还没走出 10 码[①]，你的思想就已经从眼皮底下溜走、与另一个话题一起潜伏到了前头不远的另一个角落里。你要抓住它的后颈，把它给揪回来。"

如果足够努力和坚持，那么无论遇到什么让你分心的事，我们

---

① 一码约等于 0.91 米。——译者注

仍可以认真思考手边的问题。我最好的主意，就是在地铁里诞生的。几个月来，我一直在思考公司所有权的共有问题。一天晚上，在去地铁的路上，正要买报纸的我突然想到，我可以利用火车上的这20分钟时间，往我一直在苦苦搜寻的答案靠近。我找了个座位，开始做笔记。很快，车厢就挤满了人，人声鼎沸，闹成一片。在这一片熙熙攘攘中，那个让我苦苦思索了许久的想法竟然跃然脑中。

　　如果当时买了那份报纸，我就无从解决这个问题了。坐在地铁上的时候，如果我没有用铅笔在纸上画来画去，估计也就很难引导出专注力了。本子和铅笔可以帮助我们强迫自己进入思考状态——无论我们是否与世隔绝，无论处于静坐还是动态之中，也无论环境安静还是嘈杂。而这种专注，反过来又在创造力中扮演着至关重要的作用。

第三节
注意力可以加强意识

　　全神贯注的意图会产生一种全面的意识，而这种意识，也会对我们的创造力有所帮助。我一直很欣赏负责纽约阿贝克隆比和费奇橱窗负责人的敏感眼光。在那些橱窗中，几乎总有值得我们驻足凝望的东西。比如，在战争期间，我注意到人们挤成两三排，围观店内的一个橱窗，因此也挤了进去。原来，吸引大家注意的不过是一块破布而已，破布上面附着一张小卡片，上面写着："这块布来自一枚摧毁伦敦大部地区的炸弹的降落伞。"

　　在我当记者的时候，这种意识被称为"新闻嗅觉"，至今仍是明星记者的显著特质。但即使是化学家，也可以通过培养这一能力使自己脱颖而出。通过意识，我们可使吸收到的信息的体量翻倍，以便在脑中进行整理，并应用于具体的创造性问题。

当意识超越于单纯对信息的接受，便能演化成一种积极的好奇心。没有人应该为自己的好奇心感到惭愧或试图将其压制。即使是看似"无用"的好奇心，也应该受到人们的尊敬而不是嘲笑。美国经济学家凡勃伦（Veblen）对无用的好奇心的嘲笑，引起了詹姆斯·哈维·罗宾逊的反击："只有那些没有意识到好奇心是一种非常罕见且不可或缺的特质的人，才会将好奇心看得无用。即使是偶尔无用的好奇心，也会引出创造性思维。"

同时，创造力也要求我们付出不懈的努力。人们往往容易过早选择放弃，这主要是因为我们倾向于高估灵感的力量，总是等待灵感从天而降。没有哪句话要比"不懈努力"这句尽人皆知的箴言更加真实了。著名赛艇教练坦恩·艾克（Ten Eyck）曾经对他的队员表示："如果坚持比对手多划两下，你就能打败他们。"对于任何想在创意比赛中领先的人而言，这都是极好的建议。

一个叫莱斯特·菲斯特（Lester Pfister）的人不懈坚持了5年时间，因此，全世界民众得以吃上更加优质的食品。如果不是菲斯特公司让玉米变得更加耐寒，那么美国玉米的产量便不会有现在这么高。在一次偶然的交谈中，他想到了对玉米进行自交，从而铲除较弱的品种，培育出更加耐寒的玉米来。他从5万株玉米开始实验，并在每朵穗状雄花上绑了一个袋子。等到袋子充满花粉时，他便把袋子倒在同一茎的玉米须上，然后将雄花扯掉。

一季又一季，整个过程都得通过手工煞费苦心地完成。5年后，菲斯特最初的5万株玉米中只剩下4根了。那时的他虽然一贫如洗，但手中却掌握着一大笔财富。因为那4根五代未受疾病损害的玉米能够提供经过多次完善的种子，从那以后，农民们都争抢支付高价购买这些宝贝。

莱斯特·菲斯特或其他凭借不懈创造力书写历史的人的坚韧不拔，很多人都是无法效仿的。尽管如此，我们每个人仍可以将自己的想象力在磨刀石上多打磨一段时间，让更多更好的想法喷薄而出。

第四节
努力对联想的影响

不消说，专注自然会使联想变得更富成效。把一个想法和另一个想法联系在一起是一种明智之举，正如英国犯罪小说家多萝西·塞耶斯（Dorothy Sayers）借助她足智多谋的主人公彼得·温西勋爵的嘴所说的：

"如果想要进行谋杀，你要做的就是防止人们把想法联系起来。大多数人是不会把所有事情都联系在一起的——他们的想法就像托盘里的一堆干豌豆一样到处滚来滚去，虽然噪声巨大，但却毫无方向，而一旦你让他们把豌豆穿成项链，那这项链就坚韧得足以成为你脖颈上的绳套，不是吗？"

这种联系就是格雷厄姆·华勒斯所称的"相关性"。我们需要仔细审视那些涌进脑中的微不足道的想法，用心观察其相似之处。通过这种有意识的思考，我们便能够为自动自发的联想力提供辅助。

古埃及和现代亚利桑那州的环境非常相似，都拥有丰富的椰枣。

但是如果没有人类的辛勤劳动，亚利桑那的椰枣就会变成石头。椰枣肉来自于雄性和雌性椰枣树的交配。在非洲，这种受孕是自然形成的。但在亚利桑那州，每年春天，花粉从雄树到雌树的传播都要经过人力完成。

思想的交叉受孕也是如此。按照亚里士多德的说法，我们应该"从当前的想法或其他别的事物开始铺开思路，摸索与之相似、相反或相邻的东西，搜寻下一个想法"。

英国心理学家和哲学家詹姆斯·沃德（James Ward）着重强调了通过选择性注意来丰富联想力的方法。他表示，兴趣越是强烈，我们就越能从联想中获益。换句话说，尽管联想经常通过思想的管道随心所欲地四处流动，但如果能将管口对准手边的创造性任务，我们就能让联想的水流浇灌出更多的种子。

在写这本书的时候，我的思想愈发停留在想象力这个主题上。一天早上，我来到地下室，看到了一辆破旧的儿童汽车玩具，并由此想起了我的儿子。我想到，当儿子回到大学、得以逃避与第17空降师的战友跨越莱茵河的命运时，我是多么欣慰。这让我想起了飞机，又让我想到了喷气式飞机。"我想知道是谁发明了第一架喷气式飞机、又是如何发明出来的。"这便是我接下来的想法。之所以想到这一点，是因为我的思想集中在创造性思维这一主题上。

但是，我们不能太过依赖联想。任何渴望创新的人都应该有意识地寻求创新。想要拥有更加丰富的创造力，最好的方法就是将创造力付诸实践，也就是积极主动地解决创造性的问题，而不是只去应付那些强加给我们的难题。

许多年轻人都曾向我申请具有创造性的职位，但令我百思不得其解的是，竟然很少有人会调动自己的意志来发挥想象力。我的一个考题是："你主动想过什么问题？"大多数人的答案都是"什么也没想过"。那些从来没有刻意处理过创造性任务的人似乎认为，如果工作需要他们调动想象力，他们便能因迫于压力而产生创意；但对于自己的想象力是否能在没有这种外部压力时受到激发，他们似乎就将信将疑了。

　　毫无疑问，几乎所有人都能比实际更有效地控制自己的思想。我们每个人都具有一定的意志力，这就是创造性努力的关键。正如巴斯德所评述的："工作通常取决于意志。"美国哲学家威廉·詹姆斯（William James）写道："通常来说，意志便是深入发掘能量的工具。"正如爱金生所证实的那样："每个人都能获得巨大的成就……这取决于此人强烈的意志力和敏锐的想象力。"

(讨)(论)(话)(题)

1. 你同意我们可以随时随地对思想强加控制的说法吗？请进行讨论。

2. 我们可以采取哪些步骤来有意引导注意力？

3. 凡勃伦是否应该对无用的好奇心报以嘲笑？请进行讨论。

4. 如何提高联想力？

5. 一个人的创造力是否更多地取决于"意志力的强烈"，而不是"其想象力的敏锐"？请进行讨论。

(练)(习)

1.（a）两个人在街角相遇；（b）女士打架；（c）儿童玩具；（d）一只手套。这些话题中可能隐藏着什么新闻故事呢？

2. 列出6个能够有效激发你的创造性思维的目标。

3. 模仿《鹅妈妈童谣》写一首滑稽童谣。

4. 如果你是一位漫画家，你会通过（除了人之外的）什么元素来表现：（a）秋天；（b）贪婪；（c）幸福；（d）贫困。

5. 一个住在22楼的人可以乘自动电梯一路下降，但却不能往上升。这是为什么？

第十九章

第一节
创造性探索中的运气元素

"他很幸运，这个主意简直是从天而降的。"这样的评论一般有些道理。但事实的全貌却是，如果这个人当时没有主动去发掘灵感，那么灵感也不会降临到他身上。

"灵感"一词用途广泛，可以指代由启发而来的创意，也可以指代随运气而来的创意。但从严格意义上说，灵感明确隐含着一种更具偶然性的因素。根据威廉·伊斯顿博士的说法，启发与灵感之间的主要区别是：启发的来源较为模糊，而灵感通常来自某种"偶然的刺激"，而且可以清楚地追根溯源。另一个区别是，启发与清闲的孵化期有关，而幸运的灵感则可能会在我们最为努力时降临到我们身上。

让我们先将纯粹的意外排除在外，比如查尔斯·狄更斯（Charles Dickens）本想登上舞台当演员，却因为鼻伤风造成的声音沙哑遭到了拒绝——这个偶然的机会，让他从演员变成了作家。同样，在美国发现煤炭也是一场彻头彻尾的意外。一位宾夕法尼亚人在山里打猎时想要在一块突出的黑岩上生火，没想到这些岩石竟着火燃烧了起来。

1892 年，人们在明尼苏达州发现铁的事件也绝非"偶然"。长期以来，梅里特七兄弟一直在梅萨比山脉行走，他们笃信变幻莫测的罗盘，认定那里埋藏着大批的矿石。一次，他们的马车陷入了生锈的赤泥中，而他们也由此找到了铁矿。我们怎么能为这件事扣上"意外"之名呢？不要忘记，他们已经为这个目标奋斗了近10年的时间。

一直以来，瓦格纳（Wagner）都在为新歌剧进行构思创意。但是，如果他没有出海、没有经历暴风雨，便可能永远也不会想到《飞翔的荷兰人》这出歌剧。门德尔松（Mendelssohn）在探索洞穴时听到海浪拍打洞穴的声音，无意中发现了《赫布里底群岛序曲》的主题。如果一位年轻的律师没有乘一艘江轮泛舟密西西比河，他的加速舷外轮装置的专利就不会在华盛顿特区登记在案。这位"幸运的"发明家，便是亚伯拉罕·林肯。但在这些例子中，灵感只提供了通向创意胜利的线索——而并没有直接给出答案。

就像假想备选方案的积累一样，创造性的意外事件也遵循概率法则——越是努力钓灵感，就越有可能把灵感钓上钩。正如美国作家马修·汤普森·麦克卢尔（Matthew Thompson McClure）告诉我们的那样，这种通过"灵光一闪"的方式出现的想法，通常会降临在那些埋头探究问题的人的身上。

"有些人刻意寻找灵感，"威廉·伊斯顿博士说，"就像猎人寻找猎物一样。他们到有可能找到灵感的地方去，并时刻保持警觉。尽管灵感是无法控制的，但我们可以通过增加头脑中想法的储存量和多加观察来增加灵感出现的概率。"

在灵感的问题上，数量同样会吸引质量。想要增加惊喜发生的概率，我们便要拿出干劲来。因此，运气基本可以算是努力的副产品。不付出汗水却能获得灵感，纯属罕见的意外。

第二节
观察因灵感受益

对于那些一心追寻某一目标的人而言，运气会发挥最大的作用，越是警觉敏感，他们就越有可能把好机会为己所用。有时，一个偶然的评论不仅能够提供线索，还能给出答案。例如，当电话工程师们在开发最终让海底电缆的速度翻了 6 倍的透磁合金时，他们因一种将电缆两端完全焊实的助焊剂而大伤脑筋。"我们用盐试试吧，"其中一个人半开玩笑地说。碰巧，他的手边有个盐瓶，于是他便拿起盐瓶摇了起来。瓶盖飞了出去，很快，泡沫状的助焊剂完全覆盖了焊缝。原来，盐就是他们要找的答案，堪称一个意料之外的惊喜。

弗兰克·克拉克（Frank Clark）是通用电气公司的一名工程师，一天晚上，本可以看漫画的他，满脑子都在为一个问题寻找答案。他没有闲着，而是翻阅了一份科技杂志。杂志上的一个单词突然跃然他的眼前。"就是它！"他喊道。这就是"二苯基"，事实证明，在寻找防止电线变压器短路的方法时，二苯基便是缺失的一环。正是这种运气加上警觉的神来一笔，才让我们的社区在变电器被闪电击中时不至陷入黑暗。

敏锐的洞察力让两个法国人从一次偶然事件中发现了摄影的奥秘。长期以来，路易·达盖尔（Louis Daguerre）和尼福瑟·尼埃普斯（Nicephore Niepce）一直想要努力解开摄影之谜，也找到了敏化玻璃板"捕捉"图像的方法。但是，对于如何将这些图像保存在玻璃板上，两位法国人却百思不得其解。似乎没有任何元素能够阻止图像褪色，直到有一天，达盖尔不小心把一些暴露于空气中的玻璃板放在了一只水银烧瓶的旁边。那些玻璃板出现了令人吃惊的变化。亨德里克·房龙（Hendrik van Loon）说："那是一次伟大的化学探险的开始，其重点便是摄影艺术的发明，也使得'用光作画的艺术'由此诞生。"

在一家床厂做销售经理时，我们有机会对一家医院的一笔大订单进行投标。但是，医药要求床腿必须装有玻璃制的万向轮，而我们能买到的几种万向轮都太贵了。因此，我给自己的大脑布置一个任务，试着想出一种以较低的成本满足这个需求的方法。第二天中午，我和老板坐在他的办公桌前，正在谈论一些其他事情，突然，我的手肘不小心碰到了他的水瓶。我看着水瓶，里面的玻璃塞引起了我的注意。这件事让我思如泉涌：我们可以在螺旋状凹槽的模具中铸造玻璃塞。床柱底部的一个缺口正好可以用作卡口式插头。结果，我们做出了紧密契合的滑动玻璃万向轮，每张床的万向轮成本约为 1 美元。因此，之所以能把玻璃塞制成万向轮，全靠细心观察和好运的相助。

如果我们能在追寻某个答案时保持足够的意识，那么运气便有可能把我们引向一个截然不同的目标。聚乙烯树脂是 1926 年由百路驰轮胎的沃尔多·西蒙（Waldo Semon）博士发明的，而当时的他，其实正"另有所寻"。朗缪尔博士在灯泡里装满了氩气，从而让我们用上了性能优越许多的灯泡。这种气体是瑞利（Lord Rayleigh）勋爵于 1894 年发现的。但当时的他其实并没有在寻找氩气，而是在测定氮的密度时注意到测量结果中存在一些奇怪的误差。亨利·勒夏特列表示："就是这次偶然得出的实验结果，引导他发现了氩气。"

1876 年，德国医生罗伯特·科赫注意到煮熟的土豆上的斑点的颜色有所不同。这一观察结果，让他发现了不同细菌繁殖和定居的不同方式。青霉素的出现，也是由一次类似的意外所导致的。亚历山大·弗莱明当时并不知道自己要找的到底是什么，但当一个培养盘被霉菌污染时，他仔细做了检查，发现了看上去像岛屿一般的细菌菌落，且每个菌落之间都由一定的空间所分割。这表明，霉菌可能阻止了细菌的传播。就这样，机遇打开了通往青霉素的大门。但我们不要忘记，经常经手这种长有霉菌的培养盘的生物学家不在少数，但只有弗莱明博士发现了这种霉菌污染可能具有的重大意义。

有的时候，错误有可能发展成为幸运的惊喜。有一天，威廉·H. 梅森（William H. Mason）在出去吃午饭时忘记将实验用压力机的热力和压力关闭，当时，他正在尝试用爆裂木材纤维制造一种新型的多孔隔热材料。午饭期间，他稍微拖延了一会儿。回到实验室时，他懊恼地发现热力和压力仍在对他的实验用纤维施加作用。他以为这批木材已经毁了。但在释放压力时，他却得到了一块坚硬、致密而光滑的木板，这，便是有史以来第一块"硬质纤维板"。他所创造的全新"梅斯奈纤维板"只是他的诸多创作成就之一，也是唯一一个偶然事件在其中发挥作用的成就。

关于"Duco"涂料的发现，流传着许多版本，其中绝大多数都与运气有关。但以下这个版本可能是最接近事实的，也出自一个行业内人士之口：第一次世界大战后，杜邦公司手上存有大量的遗留爆炸物。为了对这种材料进行废物利用，化学家们认为他们可以利用这种材料制造一种新的油漆。他们进行了数千次实验，距离答案越来越近。但是，在他们研制的涂料中，没有一种能配得上杜邦的大名。

有一天，一位化学家碰巧去拜访另一位杜邦公司的化学家，在离开实验室的路上，他发现了一罐材料，于是便拾起来闻了闻。他很兴奋地问："这是什么？"另一位化学家说，这只是众多失误中的一个。"我拿了一些你们正在研究的材料，希望对我正在研制的东西有所帮助。我把那种材料放进烤箱里，但昨晚回家时却忘记把它拿出来了。"那位油漆化学家冲回自己的实验室，兴奋地大喊："找到了！在很长时间里，我们都离成功那么接近，只是不知道应该整晚加热。"就这样，"Duco"涂料被发明了出来。运气的确起了一定的作用，但带来神奇魔法的，却是那位化学家的细心观察。

第三节
毅力因灵感受益

詹姆斯·科南特博士写道："在整个科学史上，我们一次又一次地看到，对于偶然的发现是选择追踪到底还是拱手放弃，产生的影响极为重大。这就好比某位将军利用敌人的失误或抓住某次幸运的机遇及时行动，雷玛根大桥的攻占就是一个很好的例子。"

一位名叫斯瓦默丹（Swammerdam）的荷兰博物学家早在伽尔瓦尼之前就观察到了同样的蛙腿抽搐现象，但却没有将自己观察的结果落实到底。而同样的抽搐现象，却激发伽尔瓦尼采取了行动。他写道："就这样，我被一种难以置信的热情所点燃，渴望对这种现象进行测试，并揭露现象中隐藏的原理。"

据说，居里夫人和她的丈夫通过一个"偶然的机会"发现了镭。那时，居里夫人的博士学位论文探讨的是为什么铀似乎能够发光的问题。她测试了无数的化学元素、化合物和矿物质，但每次都是徒劳无益。随后，她的丈夫也开始与她一起寻找，后来，两人"意外地"找到了一种神秘的新物质，并称之为"镭"。他们在一个破旧的棚屋里待了4年时间，加工了一吨又一吨的矿石，终于分离出了体积与一颗婴儿乳牙相当的镭。居里夫妇的幸运，来自他们坚定不移的毅力。

根据科林·西姆金（Colin Simkin）的说法，平版印刷术是阿洛伊斯·塞尼菲尔德（Alois Senefelder）在1796年"偶然"发现的。当时还是一位年轻剧作家的他发现，自己的剧本虽然可以卖出很多本，但印刷成本却严重侵蚀了利润。因此，他开始寻找一种更便宜的复印方法。

他开始在铜版上进行倒写，再用这些铜板进行印刷。但事实证明，这种做法的成本太过昂贵。因此，他便做出妥协，开始使用地砖。

与此同时，他用肥皂、蜡和灯碳黑制成了一种书写墨水。一次，他必须将一些备忘录记录下来。发现书写墨水已经结块后，他便拿起一块混合物，在一块地砖上做了笔记。之后，在试图洗掉这些污渍时，他发现这块多孔的石头到处都能吸水，除了沾上墨水的地方。科林·西姆金记录道："就这样，他确立了平版印刷术的基本原理，即水和油脂是不相融的。"

尽管运气在德国剧作家塞尼菲尔德的发现中起了一定的作用，但如果他没有刻意去寻找以更低成本印刷剧本的方法，这一切都不会发生。如果止步于金属板印刷法，他的尝试便会以失败告终。在寻找其他替代方法的过程中，他通过一次偶然的机会发现了石头。说来也巧，手边的石头刚好有一种特殊的孔隙度，这也是他的好运所在。但如果没有毅力，他仍是不可能发明平版印刷术的。

所谓爱迪生创造哲学的核心和灵魂，便是坚持不懈。爱迪生几乎不相信运气，但却数次因运气而受益。有一次，在同时进行电话通信和白炽灯的研究时，他在这两个领域都遇到了瓶颈。他的桌子上放着一种沥青和灯碳黑的混合物，这是他为制造电话话筒所测试的材料。他心不在焉地用拇指和食指捏起一些材料，捻成了一根线。这时，他一直苦苦求索的白炽灯的灵感跃然脑中——一种用类似碳元素制成的灯丝，正好可以解决他的电灯泡难题。果不其然，问题迎刃而解，而这，也多亏了一点运气和不懈的努力。

第四节
运气带来线索

如果真能坚持到底，那么偶然降临的好运便会发挥重大的意义。一个偶然的转折或许只能让我们在通往目标的路程中加速，但那些想法或许已被我们握在手中，只是时机未到而已。绝大多数的创造性实验都是靠跬步积累出来的，一点点的运气，有时或许会带来巨大的飞跃。

同样，运气可能会让我们将注意力从一种创造性事业转向另一种。根据洛顿·斯托达德（Lorton Stoddard）的说法，沃尔特·司各特爵士（Sir Walter Scott）在抽屉里找鱼钩时，偶然发现了自己一部写完后扔掉的小说的一些章节，拜伦勋爵的粉墨登场，极大地动摇了他的诗人地位。斯托达德写道："所以，沃尔特·司各特便饶有兴趣地读完了这段被遗忘的小说，开始继续写作，一段比之前更加伟大的崭新文学生涯就此铺开。这个偶然的发现，也带来了威佛利系列小说的诞生。"

　　有些偶然的线索出现时，我们并未寻找什么特殊东西，而只是在创意上保持着警觉而已。在短篇随笔集中，罗伯特·路易斯·史蒂文森便讲述了他得出经典之作灵感的方法。为了逗一个小男孩开心，他画了一幅有锯齿状海角和海湾的小岛的地图，并在图的下方写着"金银岛"。他说："就这样，书中的人物立即出现在幻想的丛林之中。"

　　埃德娜·费伯在自传中也讲述了一个类似的故事。在排演完一部早期的剧目后，一位同事对演员们说："我们下次应该这么做——大家租一艘演艺船，沿河顺流而下。"

　　"演艺船是什么东西？"从来没有听说过这种东西的费伯小姐问道。"演艺船就像是一个漂浮的剧场。过去，南部的河流常常会有这样的船只经过，尤其是密西西比河和密苏里河。这些船只会顺流而下，鸣响汽笛，在镇里的码头停下表演。"一向机警的费伯小姐立刻意识到，这段描述为她正在创作的一部作品提供了一条激动人心的线索。

　　偶然的线索可能会激励业余爱好者踏上创造事业的征程。威尔伯和奥维尔·莱特兄弟酷爱放风筝。他们从事的是自行车行业，却从未考虑入行飞机制造业。一天，他们读到一则新闻：一位德国人在手臂上绑上巨大的翅膀、在背上固定尾巴，试图从山上滑翔而下，却不幸身亡。凭借不服输的精神，莱特兄弟创造出了一架滑翔机。莱特兄弟在小鹰镇创造的历史的源头，可以追溯到一段短小的新闻。但是，这段新闻只是一个线索，仅仅提供了答案的一小部分。

　　人身遭受的伤害会引发人们对创造性目标发起新的追求，这样的事例比比皆是。据说有一次，查尔斯·凯特林在手动发动汽车时扭伤了胳膊，这件事也激励了他对发动机的开发。一次，吉恩·麦当劳

（Gene McDonald）的车在卢考特山失控。这场车祸导致他颅骨骨折和一只耳朵失聪，这件事让他开始考虑购买一台新的助听器。大约 30 年后，作为齐尼斯无线电公司（Zenith Radio）的负责人，他以不到普通价格一半的低价将他的发明售卖给了重听者们。

在乘坐火车时，年轻的美国实业家乔治·威斯汀豪斯（George Westinghouse）因两列货车相撞而动弹不得。在当时，这样的碰撞被认为是理所当然的，因为每节车厢的刹车都由手动操作，而一长列火车制动需要很长时间。正是那次事故，激发威斯汀豪斯发明出可以同时应用于整列火车的空压刹车系统。

埃尔默·斯佩里的儿子曾经对他提出过这样一个问题："爸爸，为什么陀螺旋转的时候会立起来？"这句偶然的问话启发斯佩里发明了陀螺罗盘，为航海带来了革命性的变化，也使得现代航海技术成为可能。但是，斯佩里能够足够警觉地识别这个线索并勤奋地探究到底，这难道不能称为幸运吗？

作曲家会将意外的线索称为"提示"。像《嘘，嘘，宝贝》（Shoo, Shoo, Baby）这样的热门歌曲，很大程度上来自一句无心的评论。但是根据新闻记者格特鲁德·塞缪尔斯（Gertrude Samuels）的说法，这首歌的由来绝非典型。在她看来，出版商每年找人试唱的 5 万首歌曲之所以能够问世，几乎都要靠天赋、知识和努力，而不是意外或灵感。美国作曲家乔治·格什温（George Gershwin）证实了塞缪尔斯小姐的说法，他说："在我全年创作的歌曲中，也许有两首、最多三首是灵感催生的结果。"

美国心理学家路易斯·列昂·瑟斯顿（L. L. Thurstone）是这样总结运气在创造力中所起的作用的："我们通常不会听说专业人士是如何产生有用的想法的，但关于诸多发明得以实现的逸事却比比皆是。这样的故事，会让这些发明的故事听起来像是偶发事件。然而实际情况可能是，这些研究人员已经找出了问题，并根据问题对某些意外的现象做出了阐释。无论是哪一层面的科学发现，都不会像一般观察者眼中那样偶然。"

(讨)(论)(话)(题)

1. 区分启发与灵感之间的区别，并加以讨论。

2. 在足球传统中，更加训练有素的队伍才能被"幸运"挑中。为什么说这一点同样适用于创意事业呢？请加以讨论。

3. 是什么事件促使两个法国人发明了摄影？这件事在多大程度上算是一场"意外"？

4. 为什么说爱迪生的创造哲学容易吸引好运？请加以讨论。

5. 著名节目制作人失败的次数几乎与成功一样多。那么，将他们的"成功"归结为运气是否公平？请讨论原因。

(练)(习)

1. 打字机有很多种字体，也几乎涉及所有语言。想出3种其他类型的适用于其他用途的键盘。

2. 想出3种对旧军鼓进行改进的方式，将其用于其他用途。

3. 想出6种在家中使用自行车的方法。

4. 你的套鞋可以在哪些方面加以改进？

5. 举出3种可以加以改善的日常生活用品。针对每一件生活用品，谈一谈可以进行的具体改善有哪些。

第二十章

第一节
激发想象力的技巧

一般来说，"技术"一词意味着科学带来的可靠性。而在想象力的应用中，该词却不具有这样的含义。就像其他种类的艺术一样，所谓"技术"，指的是一些小窍门，也就是可以激发想象力并使之更有成效的好用的策略。

其中一个基本的技术我们已在前文中讨论过了，这，就是开始行动。在创意的旅程中撑杆起航并非易事，因为我们的大脑很容易分神。正如威廉·詹姆斯指出的那样："在我们模糊的头脑中，我们虽然知道自己应该做什么，但不知为何就是无法开始。我们无时无刻不在期待着这魔咒能被打破，但它却仍随着我们一次次的脉搏不断延续，而我们则甘愿漂浮其后。"

一个手巧之人得知我 50 来岁才开始画油画，于是给我展示了他的几幅铅笔素描，在我看来，这些素描显示出了他的真正才华。他是个鳏夫，过着形单影只的生活。我觉得绘画可以给他带来乐趣，于是便送给他一套完整的画具和一本绘画入门书。几个月后，我问他："弗兰克，你的画画得怎么样了？"他回答说，他"还没有开始"。两年过去了，可我发现，他仍然没有拧开油彩或是拿起画笔。

专业人士知道，如果不开始，他们就无法创作。作曲家最爱用的方法就是坐在钢琴前，不带感情地挑选任意一段旋律作为起头。当美国作曲家乔治·迈耶（George Meyer）被问及如何创作《致我和我的女孩》（*For Me and My Gal*）时，他不假思索地回答："我所做的，只是坐下来开始工作罢了。"大多数作者发现，让自己开始工作的最好方式，就是每天固定一个小时的时间，要求自己必须把时间花在创作上。一次，我在凤凰城参加了一次我与美国作家克拉伦斯·布丁顿·凯兰（Clarence Budington Kelland）双双与会发言的会议，会后，我问他为何如此高产。他承认，如果不是强迫自己每天早餐后无论心情好坏都要坐在打字机前敲字，他便几乎什么都写不出来。

第二节
做笔记并使用清单核对

想要激发想象力，另一个简单但切实有效的方法就是做笔记。铅笔可以充当撬棍，来驱动我们的思维。记笔记的益处有几重，不仅能够激发联想能力，还能将一不小心就会随着"遗忘"渗漏出去的丰富燃料储存起来。最重要的是，记笔记本身便能赋予我们一种努力的动力。令人费解的是，我们中很少有人会去利用这个技巧。有一次，我在一周内参加了 6 次会议，总共有大约 100 人参加。然而在他们之中，记笔记的只有 3 个。

罗伯特·厄普德格拉夫（Robert Updegraff）曾经写过一本关于威廉·H. 约翰斯（William H. Johns）的书，并为此书命名为《大师亚当斯》。虽然约翰斯先生从未被认为是"天才"，但他为美国商业界带来的各种想法，使其创意履历熠熠生辉。他的秘密武器便是他的铅笔，铅笔对他而言有着特殊的意义，促使他在铅笔的选择上花费了大量的精力，甚至按照自己的需求个性化定制了一批。

此外，在约翰斯看来，普通备忘录里的纸页太难撕下，也不便使用。同样地，他也认为觉得通用的 7.6×12.7 厘米的卡片用起来不够"顺手"。因此，他便自己设计了一种个性化的形状，长约 20 厘米，宽则只有 6 厘米，由硬纸板制成，坚硬到足以立起，几乎可以从他的衣服里子的口袋里伸出来。

我记笔记的习惯很容易让我成为别人眼中的"疯子"。即使是在听布道时，我有时也会坐在光线昏暗的游廊上偷偷做笔记。我会经常拿出卡片，看都不看就在上面乱写。打高尔夫球时，我不会带便笺卡，但每当听到或想到可能引出创意的信息，便会记录在我的记分卡上。有一次，忘带记分卡的我将想法记录在一个火柴盒的内页上，顺利保存了下来。

使用清单同样有助于创造性思维。例如，一个想要成为杂文作家的人就可查阅诸多杂志的索引。在几个小时内，此人可能会想到至少 50 个可以一试的主题，每一个都与索引中涵盖的范围稍有区别。除此之外，可供我们有意激发想象力的类似清单还有许多，电话簿中的信息分类栏就是一个例子。我发现，这个信息栏对于想要在选择职业上获得指导的人们非常有用。

克莱门特·基弗（Clement Kieffer）是一家大商店的橱窗展示负责人，他凭借创意赢得的奖励，要比任何一位同行都多。除了现金奖励，他还摘得了 350 多个奖牌和奖杯。每周，他都要布置 33 个橱窗。而他的工作，就是在每个月的每一天（包括星期天）至少想出一个布置橱窗的新点子。他使用一只大盒子作为自己的"清单"，里面装有 3000 个引发创意的灵感，包括剪报和其他印刷品，还有他自己随笔记下的笔记和草图。在他看来，这个"摸彩箱"就是他最好的"促发"工具。

第三节
设定截止日期和指标

许多有创造力的人都会受自动设置的截止日期的驱使。

一个最后期限，竟然成了沃尔特·克莱斯勒职业生涯的转折点。在联合太平洋铁路公司当学徒时，他就爱上了机车，并把每一个螺栓和螺母的用途都搞得清清楚楚。一天，一节汽缸盖破裂的火车头开了进来。电机主管把年轻的克莱斯勒叫进办公室。"小伙子，"他说，"我们没有别的火车头可以用来代替了。必须在两小时内把它修好。你能做到吗？"完成任务后，克莱斯勒说："相信我，这可是一项巨大的工程。如果我没有许诺说可以在两个小时内完成，就不会花那么多心思，而我们便会注定失败。我把自己逼进了必须按时完成任务的窘境，也因此完成了任务。"

因此，用来激发想象力的另一种方法便是设定一个截止日期，甚至是强加给自己一个最后期限，更有甚者，还可以签订一个一定会在某时拿出创意来的欠条。我们的意志倾向于屈服于这种自我承诺。定好了最后期限，我们就等于是将自己暴露于对失败的恐惧之中，从而加剧了感情的驱动力。

另一种方法则是为想法的数量设定指标。假设我们先给自己设定了5个想法的定额，在想出这5种方法的同时，其他的想法也会出现。我们意识到的第一件事，就是我们很快就能想出 25 个想法了。想法越多，我们找寻的答案藏在其中的概率也越高。

例如，一位晚宴的女主持人，可以独自在闺房里写下至少 10 条让活动举办得更加成功的建议。然后，她便可以对她的委员们宣布："让我们想尽一切办法，让这顿晚餐活跃起来。以下是我的 10 个想法。格特鲁德，我希望你下次来参会时能带来 10 个娱乐宾客的点子。阿黛尔，请你在下次与会时带来的是个有关食物的点子。莫德，关于服务的改善，肯定也有许多方法，你可以提出 10 个点子来。凯，你最喜欢把环境打点得博人眼球了，能不能把装饰交给你负责，让你提出 10 个相关的点子来？灯光可以为晚宴增添许多活力，所以琼，希望你能在灯光上提出 10 个建议来。"集思广益再加上自己的想法，这位主持人最终可以想出 60 到 70 个点子，这样一来，她的委员会就可以从中选出最有用的了。

流畅力正在成为心理学家们的常用的术语，其价值也正得到越来越多的认可。但不可否认，持续想出各种备选方案并不容易。为了让自己做到这一点，我尝试了一种方法。我发现，刚开始的时候，备选方案很容易想出，因此，我希望运用一种激励机制，让自己接连不断地想出更多创意。因此，我写了一张价格表，当然，上面的数字都是想象出来的。通过表上的计算，我的第一个想法值 1 美分，第二个值 2 美分，第三个值 4 美分，以此类推，每个备选方案的价格都会逐级加倍。因此，列出第 24 个想法时，我会瞥一眼我的表格，看看第 25 个想法值多少钱。从理论上来说，这个想法的价值为 167772 美元。这种方法虽然听起来幼稚，但往往能将下一个想法的价值放大许多。

第四节
设定时间——选好地点

　　如果能为创造性思维留出一定的时间，我们就能最有效地吸引缪斯女神的降临。我们这些做生意的人，应该将这一原则奉为圭臬。唐·桑普森（Don Sampson）曾经说过："我们应该腾出时间思考创意——别的什么也不做。"太多商人都会选择首先处理例行公事，通常是因为这么做较为省心。桑普森则言之有理地建议，我们应该利用早晨进行思考，利用下午处理例行公事。

　　然而，我们也可以利用晚上的时间打理一些创造上的杂事。我们可以用上床睡觉的时间来唤醒自己的想象力。虽然我们用床铺作为入睡的工具，但这里也是一个运用创造性思维的好地方。带着创意入睡时，我们往往能想出更好的创意。在关灯之前，如果我们能把醒着的时候想出的最好的想法记下来，这一招便会更加有效。这些记录能解放我们的思想，从而让我们更快地入睡。除此之外，这些笔记在我们的脑海中刻下的创意或许会在睡梦中带来宝贵的想法。

　　美国军队几乎在一夜之间架起的数座紧急降落场，在其首次着陆北非的黑暗时刻提供了巨大的帮助，这些降落场之平整，就像是可供飞机起降的魔法地毯一般。而这些魔法地毯，则是沃尔特·E. 欧文（Walter E. Irving）的创意。当我问他这些绝妙的主意是如何、何时、何地产生的时候，他将床铺盛赞为创意的摇篮。

　　欧文先生说："床、床头柜和铅笔都是创意和计划的好帮手。就在昨晚，我在伸手不见五指的夜色中草草地写了四张纸的笔记。今天早上，我很快就破解了笔记上的内容，其中包含了我目前正在面对的一个问题的潜在解决方案。几个月前的凌晨两点半左右，我在华盛顿一家酒店里从梦中醒来。就在当时，我将一个简单的想法草草画了下来，我相信，这个想法很快就会成为一款重要的新产品。如果当时的我选择转身继续熟睡，那么肯定就再也不会想起那件事了。"另一个认为床可以成为思想温室的人是阿尔弗雷德·赫尔（Alfred Hull）。作为发明出最多种新型电子管的发明家，赫尔曾说过，他的大多数最佳创意都是"在半夜"悄然出现的。

失眠是一个恶性循环。发现自己无法入睡时，我们便开始陷入忧心忡忡之中。我们努力入睡，而新生的恐惧则在我们脑中的松鼠转轮上飞速掠过。我们不必数羊，而是可以选择一些需要创意的主题，然后任思想在思想的狩猎场中漫游。这样做或许乐趣无穷，或许会让你受益良多，也可能有助眠的功效。奇怪的是，失眠竟有可能增强我们的创造力。根据法国牧师欧内斯特·蒂姆尼特（Ernest Dimnet）的说法，除非失眠把我们折磨得筋疲力尽，否则，它有时会让我们的想象力比平常还要清晰。

同样，我们也可以跟自己"约会"，将创造性思维和散步结合起来。自梭罗以来，在偏僻之地徒步旅行一直是一种大受欢迎的寻找创意的方式。我问一位麻省理工学院的毕业生："在所有的教授中，最有创造力的是哪位？"他的答案是沃伦·肯德尔·路易斯（Warren K. Lewis）博士。我问他，路易斯博士是否会有意加强自己的创造力。这位谨慎的朋友回答："我不确定，但他是一个很爱在森林中徒步的人。大家普遍认为，他之所以这样做，一部分是为了锻炼，但主要还是为了促发他的创造性思维。"

如果你知道自己在寻找什么想法，那么独自一人散散步可能会有很大帮助。如果没有一个固定的创造目标，而只是想让自己的头脑接触各种想法，那么在繁忙的市场里逛一逛或许也会有所帮助。我问一个朋友，为什么去纽约时要拄着手杖。"我来纽约是为了获得灵感，"他说，"我不想在这里考虑自己的生意，所以会拄着手杖，好觉得自己不是在工作。在家中打磨思想往往会让我的大脑处于封闭，但在这里，我却可以敞开心扉，沿着第五大道和百老汇大街散步，并从中汲取灵感。当我扔掉手杖，重新成为一个制造商时，这些灵感会对我大有助益。"

在复活节星期日沿着大西洋城的木板路散步，或许是最让人眼花缭乱的体验了。尽管如此，我的一位零售业的朋友每年复活节都会去那里，他并没有明确规定要找寻什么，但却满怀信心地认为，只要保持思想开放，他就能吸收各种想法，并由此衍生出其他的想法来。在他看来，那个星期天是他最有价值的工作日之一。

艾伦·沃德与自己约定，周六早上吃完早饭洗碗时是独自思考的时间。我甚至会和自己约定，在开车的时候专攻某个创意任务。一天早晨，一觉醒来的我意识到有个问题亟待解决。我下定决心，要在开车上班的路上针对问题进行一次头脑风暴。在路上，我看见一个小伙子示意要搭我的便车。我犹豫了一下，但还是停了下来。他上了车，我对他说："如果不介意，请不要说话，因为我要思考。"因为走的是直路，车流又稀少，因此我可以像在办公室一样集中注意力。差不多走到一半的时候，我寻找的想法突然出现在脑中，于是便在路边停下车，拿出便笺本，列下了一个提纲。

我继续上路，并对那位年轻的乘客说："现在你可以说话了。但是，你是不是觉得我有点不正常呀？"他回答说："不会呀。"我通过聊天发现，原来，他刚刚以全班第一名的成绩从高中毕业，打算成为一名报社记者，还要趁着晚上学习法律。听到这些，我便不难理解他为什么不觉得我"不正常"了。

一般来说，相比于创造性思维，办公室更适合判断性思考。我认识的一个人发现，早上待在家里时，他能更好地思考创造性的问题。一次，在面对一项艰难的创意任务时，我跑到了160公里外的一家旅店。摆脱了日常事务的我不仅能够不受打扰地工作，而且，由于我单纯为了创意工作而如此大动干戈，因此想象力似乎也更加活络。正是因为出了那趟远门，我的创造性思维也得到了打磨。

第五节
"象牙塔"谬论

越来越多的研究"圣殿"丰富了美国的建筑。这些研究场所便是科学的象牙塔，不仅提供了设备，还提供了理想的气候条件，帮助人们集中注意进行思考。然而，如果创意丰富的科学家只是在象牙塔里进行创造的话，便会欲速而不达。例如，通用电气的苏兹博士曾经表示，他那些最好的创意诞生时，他要么在床上，要么正在从一家工厂飞往另一家工厂的途中，要么就"正从铂尔曼酒店的窗户往外看"。谬塞尔曼声称，想到过山车刹车的创意时，他正从落基山的陡坡上飞驰而下——不是坐在豪华轿车里，而是在一辆失控的自行车上。

被称为浴室的由瓷砖搭起的塔楼，似乎是最适宜人们发挥创造性思维的地方。尽情洗或泡个热水澡，往往会让人才思泉涌。其中一个原因在于，在洗澡时，我们能够与使人分心的因素隔绝开来。

在创造力领域，络腮胡大概是男人与女人相比时的唯一优势。你经常会听到创意工作者坦白说："这是我刮胡子时想到的。"不久前，苏兹医生谈起了他的一位拥有两项重要发明的同事。每一个发明的基本构想，都是在他早晨刮胡子的时候想到的。与洗澡一样，刮胡子也能让你安静独处、听闻舒缓的流水声并享受舒适和幸福感。剃须之所以常常与创造性思维相伴而生，另一个原因就是大脑通常在醒来后的最初几个小时更富创造性。荷兰哲学家伊拉斯谟（Erasmus）就说过："缪斯喜欢早晨。"

木头堆同样也可以砌成象牙塔。美国作家埃尔伯特·哈伯德（Elbert Hubbard）提倡通过砍木柴来引导创意。最近，一位富有创造力的研究人员说，在门前台阶上劈冰时，他想出了有生以来最好的主意。

在进行创造性探索时，遐想的气氛可能会让创造的火焰越烧越旺。许多人发现，他们最好的那些想法都是在教堂中产生的。另一些人则声称，参加音乐会能点燃创造力的火焰。有些人认为，船尾也是一座理想的象牙塔，航海有一种适于沉思的特质。瑞典裔美国发明家恩斯特·弗雷德里克·沃纳·亚历山德森（E. F. W. Alexanderson）曾经证实，他那些最棒的想法，都是在安静驾驶单桅帆船时突然冒出的。

杰斐逊住在距离华盛顿160公里的地方。在蒙蒂塞洛，你至今仍能看到他不骑马时所乘坐的马车在种植园和首都之间来来回回。骑着一匹不需要引导的马，迈着平静的步伐，不会被停车标志打断——他的单人马车该是一座多么理想的象牙塔呀！

我们很少会看到有人真正在飞机或火车上工作！只是偶尔会看到有人在阅读报告或研究数据罢了。我猜，那些呆坐着盯着前方的人之中，或许也有几位正在思考吧。但是，忙于进行创造性工作的人却是非常罕见的。尽管如此，有一部关于创意写作的经典作品却正是在火车上打磨出来的，那就是林肯的葛底斯堡演讲。在从莫斯科飞回来的途中，乔治·马歇尔（George Marshall）将军在大西洋上空用手写完成了他最好的演讲稿。

即使是在等待火车或飞机的时候，我们也可以沉浸在想象之中。我虽然不是机械师，但一天晚上，我被困在铁路站台上，有一个小时可以打发。那天早上，我给自己布置了一道特殊的机械问题。我在站台上踱来踱去，玩味着这个谜题。在火车上，我将自己的一些想法用草图的方式画了出来。第二天吃早饭时，我又将另一个想法画成了一幅草图，结果我发现，这幅草图竟有申请专利的潜质。

艺术家需要工作室这种象牙塔，而大多数作家都将自己隔离在某种远离人烟的地方。然而，大多数艺术家和作家都会承认，他们在各处都能得到创意。英国作家埃德加·鲁斯坦（Edgar Lustgarten）就能在没有时间表和象牙塔的条件下工作。他的出版商表示："他从不停歇，能在任何地方写作——在酒吧里，在公共汽车上，甚至走在街上时。"

英国作家塞缪尔·约翰逊（Samuel Johnson）曾说过，任何人都可以在各处进行写作，只要他拿出"坚持不懈"的态度来。这句话可能并非完全正确，因为艺术家和作家或许是需要象牙塔的，但想法几乎可以在任何地方产生，却是不争的事实。

讨 论 话 题

1. 记笔记如何有助于增强想象力？请加以讨论。

2. 为什么说列清单对构思有所帮助？

3. 给自己的创意工作设置一个"截止日期"能达到什么效果？请加以讨论。

4. 为创意设置指标有什么好处？请加以讨论。

5 为什么散步有利于开动脑筋？请加以讨论。

练 习

1. 制作一份清单，列出你会在青少年美国国庆日派对上添加的节目和娱乐项目。

2. 如果无法依靠顾问，你会采取什么方法来找出自己最有可能取得成功的职业？

3. 针对美军为抵御韩国的严冬而开发的绝缘保暖衣物，列出 6 种与军事无关的用途。

4. 想出你在创作一首流行歌曲时会用到的 3 种激发想象力的方法。

5. 如果要为现代家庭设计一个帽架，你能列出哪些引导创意的点子？

第二十一章

第一节
用问题激发思考

一直以来，提问的技巧都被当作是一种激发想象力的方法。那些试图使自己的教学更具创造性的教授就经常使用这种方法。例如，当美国心理学家沃尔特·迪尔·斯科特（Walter Dill Scott）在卡内基技术学院①任教时，就因爱向学生提出假设性的问题而闻名——他的问题中，甚至不乏奇怪的问题，比如："如果我们的脑袋前后都长着眼睛，那会怎样？""如果游泳比走路对我们来说更容易又会怎样？"

在实际解决问题时，我们可以通过向自己提问来有意指导思维的走向。美国陆军已经成功地将这种方法应用于判断和创造性思维之中。在过去不久的二战中，提问的技术为所有军火库、汽车维修车间和许多其他军械生产设备的运作带来了更有效的思维方式。巴亚德·波普（Bayard Pope）说："仅仅针对我所知的50台设备，提问的技术每年就能节省600万工时。"

提问技巧的使用方式如下：首先，你要把思考的主题或问题独立出来。然后，就该主题或问题的每一步提出一系列问题。以下便是军官们必须要问自己的问题：（1）这种做法为什么必要？（2）应该

---

① 1967 年与梅隆工业研究所合并为卡内基梅隆大学。

在哪里实施？（3）应该何时实施？（4）由谁来实施？（5）应该采取什么措施？（6）应该如何实践？

相比于军队的要求，创造性的问题通常需要我们提出更多也更具发散性的问题。想象力必须由各种假设性的问题来引导，比如"这样做怎么样？"以及"要是……会怎么样？"另外，想象力也必须由各种问题来激发，比如"还有什么方法"，然后再追加一句"除此之外，还有什么方法"。通过用这些问题对想象力进行连番轰炸，我们便可以积累起大量创意的矿石，无论这些创意是好是坏还是无所谓优劣。通过自己或他人的判断，我们可以从这些矿石中提炼出金点子来。

即使是在为一个创造性的问题做准备和分析时，自我提问也往往能使我们更接近解决方案。在整个过程的早期阶段，我们就应该想出引导想象力走上正轨的问题。即使是在评估时，我们也可以通过想出恰当的问题来检验暂定的解决方案，比如"这个想法可以检验吗？""哪种检验方法是最好的？"

第二节
还有什么用途？

在搜集假设时，其中必须有涉及挖掘其他用途的关键问题。这一点至关重要，以至于法国数学家雅克·阿达玛（Jacques Hadamard）在《数学领域的发明心理学》一书中提到了"两种发明"，并解释道："其中的一种是一个既定目标，具体任务就是寻找达到目标的方法，如此，头脑便会从目标转到方法上，从问题转到解决方案上。另一个则相反，具体任务是先发现一个事实，然后想象这一事实可以派上的用处，因此在这一阶段，头脑便从手段走向目标，答案在问题之前就已出现。虽然让人感到矛盾，但第二种发明却是更普遍的，而且会随着科学的进步变得越发常见。"

在"其他用途"这一主题中，可以激发我们想象力的问题有许多，比如："我们该如何在不改变事物本身的情况下发明出使用的新方法？""该如何对此加以改善以适应新的用途呢？""可以拿这样东西进行什么新的创作呢？"

"这样东西还可以有什么用途呢？"有的时候，这个问题会促使人们对产品进行重新设计，以便赋予额外的功能。美国商人爱德华·巴克洛（Edward Barcalo）长期制作传统枕头。后来，他想出了一种叫作"六用枕头"的新型枕，这是一个三角形的垫子，可以在床上靠着阅读或是坐起，除此之外，还有其他四种用途。

"我的材料还能用来制作其他哪些产品？"如果想要拓宽某种材料的市场，那么很显然，这个问题便是我们应该问自己的。乔治·华盛顿·卡弗博士想出了花生的300多种用途。仅仅在烹饪领域，他就想出了105种居家烹制花生的方法。

每个制造商都在不断地追问可用自己的原材料制出哪些新产品，橡胶是其中一个突出的例证。在人们想出的数千个创意中，这些是某家大公司拒绝了的几种用途：橡胶床罩、橡胶浴缸、橡胶浴缸罩、橡胶路缘石、橡胶衣夹、橡胶鸟屋、橡胶门把手、橡胶棺材以及橡胶墓碑。

大多数合成材料的成功，都是因为有人想出了使用产品的新方法。通过成千上万的新用途，杜邦公司的氯丁橡胶已经进入千家万户，其中有的用途肯定是无心插柳的结果。例如，一个玩具制造商用氯丁橡胶制作了一款巧克力味的骨头供狗咀嚼；一家娃娃制造商用神奇的氯丁橡胶皮肤覆盖了数款产品，颜色自然得足以让孩子们把玩具当成真人。这样的例子不胜枚举——一只披着羊毛质地皮毛的橡胶小羊，一只橡胶鸭子，一只名叫波奇的橡胶小狗，橡胶小鸡，喷水的橡胶鲸，一头鲸鱼状的橡胶潜艇，一只有三根烟囱的橡胶船。

玻璃纸和尼龙也经历了类似的命运。例如，大多数网球拍的羊肠线已经被尼龙代替。尼龙钓鱼线也越来越受欢迎，每个女性都对尼龙晾衣绳有所了解，巨大的曳船索和垫圈也是用尼龙制成的。

大约在 1935 年，我碰巧参与了 Fiberglas 玻璃纤维公司的创建。在创意方面，我们遇到的最大问题就是："玻璃纤维能有什么用途呢？"我们想出了数百个用途，后来又想出了几百个。通过这些额外的用途，这种纤细的玻璃纤维已经发展成为一门巨大的产业。其中有一种用途是我们大家都没有想到的，那就是鱼竿。后来，一家制造商将玻璃丝嵌入塑料黏合剂，从而开发出了一款鱼竿。另外，我们显然没有积累足够的备选方案，竟将 Fiberglas 玻璃纤维的终极用途遗漏在外。在希特勒的攻势下，我们不得不建造一艘两洋[①]战舰，玻璃纤维作为一种性能更佳的全新绝缘材料，被用于战舰的制造上。

"废品能有什么用途？"在这一问题上，备选方案的积累尤为重要。美国的包装工业建立在创造性的基础上，几乎为所有的副产品找到了新的用途，除了看似毫无价值的废品。

钢铁行业也是如此。矿渣曾经是一种昂贵的废品。而今，矿渣

---

① 1940 年 7 月 19 日，美国与法西斯国家的矛盾激化，《两洋海军法案》的通过，扩大了美国海军总规模。

已被废物利用为铁路路基的道砟、制造水泥或加工成砌块。伯明翰附近田纳西州工厂的矿渣中的磷含量非常高，现在，这种矿渣已被包装起来，作为土壤改良剂在美国南部销售。

"这些气体有什么用途呢？"很久以前，某个钢铁工人盯着烟囱冒出的可怕烟雾时，他一定会这样问自己。这个问题，掀起了一股多么重大的发展潮流呀！当今，通过副产回收焦炉的运用，这些气体被存储起来，成为化学和药物领域数千种产品的原料。虽然大多数人认为这种废物利用带来了已达 5 万计的产品，但我的一位钢铁行业的朋友却认为，在未来，或许还会有多达 50 万种产品被开发出来。

如何处理次品是另一个创造性的挑战。通常情况下，人们很容易把这些东西贱价处理。但有的时候，创意却能够提供一个更加赚钱的选择。同样，如何处理废料也需要想象力。百路驰轮胎公司的 L. A. 康利（L. A. Conley）在废物桶里看到了一些手术用的胶管子。"为什么不把这些管子剪成许多人用来固定小物件的橡皮筋呢？"他问到。因为这个新用途的建议，康利得到了 150 美元的奖励。而他所在的公司则从这个想法中获得了可观的利润——这笔利润，是从看似毫无用处的材料中获取的。

此外，在一些情况下，新的用途也能让无用之物变成"宝贝"。乔治·威斯汀豪斯创造了大约 400 项发明，其中，唯一的失败之作要数旋转引擎了。但他拒绝放弃这项发明，而是在上面增加了一项新发明并开拓了一门新生意——将无用的引擎变成一款性能更佳的新款水表。

第三节
能否在现有用途上增加新的选择?

"这样东西还能有什么其他用途呢？"无论是针对一件事、一种思想还是一种天赋，这都是一个刺激想象力的好问题。通过增加用途，我们通常可以使价值也随之增加。如此一来，通过积累其他的备选方案，一种更好的用途便很可能会浮现在我们的脑海中。

通过想出更多的用途，我们通常可以为老产品开辟出新的市场。一款家喻户晓的百洁布本来是用来清洗厨房水槽的，但清洗轮胎的新用途又为之开辟了一个新市场——这个规模庞大的市场，涉及1600万只白色侧壁轮胎。

电话的新用途同样也打开了新的金矿。现在，人们可以通过一段录音听取准确的时间和最新的天气报告。对于这种额外用途，纽约电话公司针对每次通话收取5美分的费用，每年的收入也因此增加了200万美元。

有的时候，一款新产品的生命周期取决于人们想出的新用途。如果人们不想出足够多的新用途，直升机或许就会沦为博物馆里的展品，而这些用途应该最大限度地发挥直升机的作用，比如在山上检视高压线路的情况。

思高牌透明胶带已经从一个小小的专业产品发展成为一个庞大的产业，这家公司已经创造出了一个由325种互不重复的用途组成的清单。而普通民众想出的点子则要更多。我碰巧是其中一个想法的受益者。一次，我一侧的脸颊因为刺骨的寒风而出现了部分瘫痪。加拿大的一位神经专家告诉我，只有时间才能治愈我的病，但我可以用透明胶带来加速这一过程。在会诊结束前，他教我如何将脸推到正常的位置，然后用胶带固定。

科学上的一些重大进步，来自为旧东西找到新的用途。1620年左右，一位伦敦的妇女不幸难产。一位名叫张伯伦的医生来到现场，他将外套里藏着的东西伸进床单，很快就把婴儿抱了出来。在将近一个世纪的时间里，这位医生所谓"铁手"一直是家族秘密，但实际上，几乎每个家庭的灶台上都有类似的钳子。我的一位产科医生朋友表示："在缩短阵痛和保护生命方面，产钳比人们发明的任何外科器械都更好用。"

有一次，有人给我布置了一个任务，让我想出一种性能更佳的新老鼠药。我冥思苦想，一无所获。多亏了近年来的科学研究，杜邦公司已经开发出一种对褐鼠尤其致命的鼠药。其用途和以前没什么不同，都是杀死老鼠，而老鼠食用鼠药的方式却有所不同。这种叫作"安妥"的最新鼠药被人称为一种跟踪型毒药。不知为何，老鼠喜欢舔自己的脚。若将这种跟踪型毒药撒在老鼠行走的地方，当它们舔自己的脚时，便会中毒毙命。

第四节
通过新用途取得科学进步

李斯特男爵怀疑，在让葡萄酒保持甜味的研究上，路易斯·巴斯德只是在浪费经费而已。但是，巴斯德的这项工作却激起了李斯特的好奇心，想要看看是否能为研究结果找到一个更重要的用途。具体来说，他问自己："如果细菌破坏了味道，那么，细菌是否是手术中诸多无法解释的死亡的罪魁祸首呢？"这种对巴斯德新理论的另一种解读证明，细菌的确能够入侵伤口；而这个事实也成为无菌手术的关键，使得李斯特的名字永载史册。

心无旁骛地沉浸在科学研究中时，伦琴偶然发现了 X 射线。由于不知道这种射线是什么，所以他将其命名为"X"。关于这种射线，他没能想出任何用途。据说，看到自己的发现竟有如此广泛的用途时，他自己也很惊讶，原来，这种射线不仅可以作为一种疗法，还可以作为外科医生不慎落下手术刀时窥探身体内部的眼睛。

在现代科学中，警觉的研究者们一直在寻找将新老原理应用于新用途的方法。管理人员不再将纯粹的研究当作对金钱的靡费。通过提出和回答"这有什么用途"这个问题，许多"毫无价值"的理论都衍生出各种改良并带来了盈利。

有的时候，新的用途可以为产品的设计制造带来循序渐进的改善。当康宁玻璃制造公司开发出一种更加坚固的铁路灯灯泡时，公司的一位研究人员为这种新玻璃找到了新的用途，并想出了电池瓶①的主意。1913 年的一天，他把其中一只瓶子的底部切掉，带给家中的妻子，并让她烤一个蛋糕。就这样，人们开始使用玻璃器皿进行烘烤。而这，也进一步引出了关于用途的其他问题。其中一个便是："把这器皿放在炉灶上烹饪怎么样？"公司当时的首席化学家尤金·沙利文（Eugene Sullivan）博士认为烤箱用玻璃不够坚固，无法

---

① 一种玻璃容器，底部呈圆形、方形或矩形，顶部可以完全打开，多用于生物和化学实验室。

承受直火的热量，于是便展开了4年的实验。他们进行了数千次实地厨房测试，在实验用的炖锅和煎锅中煮炸了8000多公斤的土豆。由此，耐热玻璃器皿应运而生，也为玻璃提供了一种全新的用途。

当杜邦公司发现如何使用煤、水和空气来制造水煤气时，下一个创造性问题就是用水煤气来制造什么。人们设计出成千上万的用途，结果在10年之内，公司的一个部门就增加了100种新产品。当然，每一种产品都略有不同。但是所有这些产品的基础，都仰赖于使得固氮作用成为可能的新技术。

对我们大多数人而言，聚乙烯树脂是一种一成不变的产品。然而实际上，随着聚乙烯树脂用途的增加，其种类已经经历了长足的发展。沃尔多·西蒙博士是聚乙烯树脂的发明功臣，据他估计，自1926年以来，为了使原始的橡胶产品适应新用途，人们已经创造出了超过一万种类似橡胶的材料。使用的原料仍然是石灰石、焦炭和盐，产品的基本特性仍是防水和绝缘。但是，为适应诸多新用途，这种产品不得不经历了多重变化。

电灯的诸多新用途也经历了类似的进程。多年以来，灯泡只用于照明。然后，波长的变化使得复制太阳的紫外线成为可能。而另一项科学的进步则为我们带来了远红外射线。但在通用电气灯具总部所在的奈拉工业园，富有创造力的研究人员仍在为电灯发掘着其他用途。其中一位研究人员问道："我想知道我们是否能找到一种既能杀死细菌又不伤害人类的波长？"这个问题便引出了全新的杀菌灯，能够成功杀死空气传播的细菌。当人们为实现这个目的而对产品进行改进时，又一个问题出现了："这些灯最适合在哪里使用？"由这个问题衍生出的大量备选答案，又赋予了这款电灯新的用途：比如医院、学校、军营、医生的候诊室、冻肉冷藏库、酒店厨房和普通家庭。没错，这款电灯即便在鸡舍里也能派上用场。在俄亥俄州卡斯勒家禽饲养场，与没有使用通用电气消毒灯的控制室中的 240 只雏鸡相比，使用消毒灯的 240 只雏鸡的体重要高出 14%，在无灯控制室中，雏鸡的死亡率要高出两倍。

第五节
"其他用途"问题的他用

我们已经从实物角度阐述了"其他用途"问题的应用。但同样的方法也可以应用于思想、主题和原则之上，实际上，几乎任何主题都能因为这个问题而受益。

例如在就业问题上，关键的问题可能是："这些资质最适合用于其他什么用途？"沿着这条思路，想象力可以为就业指导提供诸多帮助。父母也可以将自己的创意投射在这个问题上。比如说，住在我们屋后的一位小女孩喜欢手工制作。每到感恩节，她的房间的窗户上都会贴满用蜡笔画好再剪下来的火鸡；到了万圣节，她的窗户上则贴满了南瓜；圣诞节的时候，窗户上则满是星星和铃铛。她的母亲给我看了一张清单，上面列出了最适宜她的女儿发挥天赋的职业，她也会朝着这些方向来对女儿加以指引。

有的时候，天赋的新用途会自然而然地出现。丹尼尔·M. 艾森伯格（Daniel M. Eisenberg）动身去找两位与家人失联的富有的叔祖父。几个月之后，他仍没有找到两人的踪迹，却发现自己拥有为他人寻找失踪亲属的天赋。他问自己："怎样才能将这种才能运用起来？"

这就衍生出了经营"寻找失踪人员"业务的想法。自那以后，已有超过 6.5 万名妻子花钱雇他找回自己的丈夫。

约翰·加斯特（John Gast）是一位失败的牧场主，但他确信自己有艺术天赋，并督促自己想办法对这天赋加以利用。经过大量思索，他诞生出这样一个想法："透过合适的视角观察，即便杂草也可以很漂亮。如果做一番精心装点，还可能将之装点成一件美丽之物。"作为实验，他把桉树和烟树的树枝镀成银色，洛杉矶的一家百货公司把这些树枝抢购下来，作为橱窗的装饰品。这为加斯特开启了一段利润丰厚的职业生涯。据说，他现在每年能利用别人视为眼中钉的杂草赚到 5 万美元。虽然他的大部分材料来自加州，但员工们则会去堪萨斯买荷叶，去佛罗里达买海滨燕麦草，还会到其他遥远的地方购买诸多奇特的物种。

约瑟夫·沃森（Joseph Watson）太太是位很棒的摄影师。她在报纸上看到了一幅三只老鼠趴在一只猫身上的照片，并认定这张照片是伪造的。"为什么我不能拍出真实而有趣的动物照片呢？"她问自己。从这个想法出发，沃森太太养成了一个给她带来丰厚报酬的爱好。她的第一张照片是一匹戴着草帽的设得兰矮种马。她还成功地在一个镜头中容纳了足足 13 只动物。

雷·贾尔斯讲述了一个关于四个年轻艺术家的故事，他们发现自己的风景画还欠些火候，卖不出去，于是决定想出多种方法来发挥自己的一技之长。其中一位成为一名薪酬颇丰的画家，专门在乐队使用的鼓上作画；另一位则专门为博物馆制作黏土模型；第三位为人物玩偶画脸，赚了不少的钱；第四位为爱宠物胜过爱钱的人家的狗、猫和马的画像，现在已能自己开价了。

"还有什么新用途？还有什么其他用途？" 我们所有人都拥有足够的创造力，可以将想象送上这条大道并探索诸多旁道，从而积累丰富的备选创意。

讨 论 话 题

1.军队用来激发思维的问题中包含的六个关键词是什么？

2.在思考新的用途时，哪些具体的问题能够激发想象力在正确的方向上进行探索？

3.如果我们的脑袋前后都有眼睛会怎样，这能给我们带来什么好处呢？你能想出如何通过其他的方式达到类似的效果吗？

4.乔治·华盛顿·卡弗的名字与什么产品联系在一起，他如何运用创造性思维增加了这款产品的实用性？

5.一架能向前飞也能向后飞的飞机，与传统飞机相比有什么优势？

练 习

1.为了改善钟表的一般或特定用途，你会针对表盘提出什么改进的建议？

2.假设你是一位牙刷库存过多的制造商，除了刷牙之外，你还可以为了什么用途来推销盈余的库存？

3.你能为直升机想出什么新的附加功能吗？

4.可可豆的壳有什么用呢？

5.针对透明胶带想出10种你闻所未闻的用途。

第二十二章

第一节

借鉴、改善与替代

在任何寻求创意的过程中，挖掘所有可行的相似选项都是明智之举，这样一来，你就遵循了亚里士多德联想律的第一法则，即相似律。为了引导人们的想象力，像这样的自我询问会对你有所启发："有什么东西和这个相似？""这能衍生出什么理念？""是否能在过去找出相似之处？""还有哪些地方是可以调整的？""有没有哪些类似的事情是可以复制的？"

最后一个问题听起来可能像是对剽窃和侵权的认可，而事实却绝非如此。毫无疑问，无论从法律还是道德来说，因窃取他人的创意而损害创造者的利益都是错误的，但是，借鉴别人的想法却无可厚非。对此举的许可是一种非常明智的公共政策，因为如果没有这种借鉴，那么造福人类的想法就会减少许多。这种做法不但常见，而且是不可避免的。正如美国废奴主义者温德尔·菲利普斯（Wendell Phillips）所说："在每一件与发明、使用以及美与形有关的事物上，我们都是租借的一方。"专利局中大批彼此重复的发明，就是这句话的明证。

在很多情况下，创意几乎像是直接移植的结果。"每月好书"变成了"每月果王"，又演进成"每月糖果"。之后又出现了"每月爱好"，而其中第一个提出的主题，就是为珠宝制作爱好者提供各种鲨鱼齿。在此之后，又出现了"每月小物"俱乐部，现已拥有了超过50万名会员。

而更常见的情况是，这种改动只是局部的调整。例如，棒球就是由英国的"圆场棒球"运动演进而来的。英式足球起源于"拉格比"原始足球。篮球大概是唯一一项起源于美国的运动。这项运动的发明者詹姆斯·奈史密斯（James Naismith）博士本想设计出一种能在体育馆里进行的全新运动。然而，篮球并非是他想象的产物，而是纯属意外。一位被要求取箱子的清洁工因为找不到箱子，因此提回了几只装桃子的篮子。因此，这个运动的名字和目标也就应运而生。

对于作家来说，不进行借鉴几乎是不可能的。小说家免不了使用常用的基本情节。根据詹姆斯·N. 扬（James N. Young）的计算，这样的情节共有 101 种。歌德声称，这种情节只有 36 个。美国作家薇拉·凯瑟（Willa Cather）说："人世间的故事只有两三种，它们不断地自我重复着，仿佛这些事从未发生过一样。"美国作家唐·马奎斯（Don Marquis）认为基本情节只有一个。"全世界要讲的故事只有一个，"他写道，"这个故事非常古老——短小、简单又易于讲述：'在巴比伦住着一个年轻人，他疯狂地爱上了一个姑娘！'"

至于幽默，幽默作家协会的乔治·刘易斯（George Lewis）称，在每一则"新"的笑话中，他都能发现六种基本笑话中的框架之一。他表示，所有秘诀就在于此——每一则新笑话都只不过是旧笑话的新版本而已。

"我该模仿谁的风格？"这是一些作家会问自己的问题。罗伯特·L. 梅（Robert L. May）对《圣诞节前夕》这首经久不衰的成功之作进行了潜心研究，并以同样的风格和韵律创作了《红鼻子驯鹿鲁道夫》这首诗歌。1939 年，蒙哥马利·沃德公司出版了 236.5 万册同名图书。7 年后，377.6 万册的再版远远供不应求。后来，借鉴这首借鉴而来的诗歌所创作的歌曲也得以问世。

从很大程度而言，音乐的创作也要依靠借鉴。有时，这种借鉴将旧旋律依照新词进行移植。而有的时候，借鉴的改动是如此彻底，以至于公众——甚至作曲家本人——都意识不到其中的相似之处。在翻版于经典作品的诸多流行歌曲中，《直到时间尽头》（*Till the End of Time*）就是一个例子，这首歌便是从肖邦的一首波兰舞曲中整体提炼出来的。《星条旗永不落》这首为反英而"创作"的歌曲，与当时伦敦酒吧里流行的歌曲几乎大同小异。美国音乐学者西格蒙德·施佩特（Sigmund Spaeth）发现了许多类似的音乐上的借鉴。全新的曲调几乎是不存在的。

第二节
借鉴的运用

"我能把它创作成什么样子？""我可以加入什么想法？"当谈到时尚时，这些都是既明智又有用的问题。从相似性入手汲取灵感，是造型师在创作时有意采取的措施。最近推出的一款泳衣竟毫不掩饰地拿尿布作为原型。温斯顿·丘吉尔的大衣则启发了一件六颗纽扣的盒形外套。艾森豪威尔将军的战服加入了女性化设计，成为一件考究的大衣，可在腰间系带，配有军队的护腕、翻领和一枚肩章。

纽约大都会艺术博物馆为时尚的创造者提供了一项独一无二的服务。从这座古老的艺术宝库中，纽约的设计师们汲取了诸多灵感。

15 世纪一幅画中的天使翅膀的形状,为法国时装设计师马塞尔·维特(Marcel Vertes)的一些创作打下了基础。设计师莉娜·哈特曼(Lina Harttman)从一只公元前 800 年左右的希腊花瓶上的战士身上找到了灵感。而"好莱坞传奇设计师"阿德里安·阿道夫·格林伯格(Adrian Adolph Greenberg)最成功的一款设计,则取自公元前 500 年左右一位战士的头盔和风纪扣扣眼。

有时,借鉴可以是一种直截了当但成本低廉的复制。乔治亚州康利的伊迪丝·霍姆斯(Edith Holmes)夫人听说,俄国革命爆发很久前,一个沙皇家庭的孩子曾拥有一个昂贵的娃娃。在倒过来之前,娃娃是一位穿着皇室礼服的公主,而倒过来之后则变成了一位衣衫褴褛的农民。霍姆斯太太告诉我:"就这样,我们把这个想法应用到了我们的'托普西与伊娃'娃娃上,将成本降到了 1 美元,实现了热销。"

理查德·穆特(Richard Moot)是纽约世界博览会上一架大型飞机的安全着陆指挥官。他的职责是在每次战斗飞行后控制和指挥飞机降落在登陆舰上。在漆黑的深夜里,人们看不到登陆舰上的信号灯,但如果安装足够多的信号灯,登陆舰的位置便会暴露给敌人。

理查德·穆特想起了纽约世界博览会上的一种"黑魔法",并将改动后的版本建议给相关人士。结果,安全着陆指挥官们便穿着制服,并手持一种信号牌,制作这种信号牌的材料非常特别,当打开"隐形黑光"时,只有自己军队的飞行员可见,而敌人却什么也看不到。

借鉴的康庄大道不仅能产生新的款式,也能衍生出划时代的新产品。德国发明家鲁道夫·迪塞尔(Rudolf Diesel)想要直接在发动机的汽缸中燃烧燃料,但不知道该如何点燃。在用类似的物件进行比照时，他想到了一款雪茄打火机。他研究了一款具有以下几种基本特征的发动机：气缸内既装有空气又装有燃料；由一只活塞对气缸里的空气突然施压；点燃燃料。通过这种方式，他于1892年发明了第一台柴油发动机。

"这项工作还可以借鉴什么流程？""能否通过流水线把这款产品做得更便宜和更好？"诸如此类的问题衍生出的创意，提高了美国人的生活水平。同样地，原本用于特定用途的工具也能成功找到他用。一家飞机工厂让我们看到了一个极端的例子。战争正在激烈进行，武装部队急需飞机。但每架飞机都必须完美无缺，小到每一个螺栓也不能出差池。姑娘们必须把钢螺母穿在电线上，喷上石墨，然后再穿过一个感应线圈，以便发现金属中存在的缺陷。一位主管一心要想出一个更快捷的方法，于是便想到了开瓶器。他拿了一根长电线，将之弯成螺旋形。将这个工具在一盒螺栓中迅速旋转，每分钟便可捡起100多个螺栓。就这样，通过借鉴类似的方式来发明更好的工具，飞机的生产速度大大提升。

"我能不能从哪本书上取下一页加以借鉴？"这个问题可以让我们的想象力沿着借鉴之路一直走下去，达到让生活变得更加丰富精彩的目的。因为，即便是在私人问题上，寻找相似之处也往往是有好处的。

一个意大利裔美国人有个智商很高的儿子。孩子作为一名新兵上了战场，最后成为一名军士长。后来，他又去了医学院。一天，我问老乔他的儿子怎么样了。"他伤透了我的心，"他答道，"他再也不愿和我说话了。在他上战场之前，我们经常聊体育。我们会讨论击球率、橄榄球比分、拳击手乔·路易斯（Joe Louis）甚至摔跤选手。但现在，他变得缄默不语。他努力学习，想成为一名医生，到军队里当军医。他不再关心运动，只是把想法藏在心里。"

这件事让我很在意，因此，我便想找些方法改善乔和儿子之间的关系。说到共同之处，我想起来他们对体育的共同爱好，于是自然发问："为什么不围绕军队这个话题培养共同兴趣呢？"乔认为这是个好主意，于是便开始学习这门新学科，孜孜不倦地研读起军事知识来。之后，他开始向儿子提出一些让他很感兴趣的问题。现在，从医学院回家的儿子再也不会冷落父亲，而是像从前聊体育一样兴致盎然地讨论军事问题。

第三节
改善的运用

在通过借鉴等途径积累了大量备选方案后，让我们来探讨改善的运用。让我们问问自己："如果这件事有所改变会怎么样？""这件事怎样才能变得更好呢？""能不能加点新名堂？"

即便是微小的变化，往往也能让一件事或一个想法变得丰富许多。讲笑话的人便将这种加入新元素的改善方法运用得淋漓尽致。那些为有线电视网的大型节目写笑话的人每年能拿到约10万美元的收入，然而，他们却几乎没有真正想到过任何新点子，主要是在老故事的基础上翻新而已。

无论有什么创造性的问题，我们都应该问自己："这个问题怎么才能有所改善呢？"甚至当我们必须要做演讲时，也可以用这个问题来质疑我们演讲的方方面面。例如，我们是该激情十足地开始演讲，还是像一些最优秀的演讲者有意做的那样，拐弯抹角地开始？

"对于这种工艺，我们可以做什么改变？"无论涉及技术，抑或是烹饪，这都是一个很好的问题。加温工艺中的微小变化，便为一些产品带来了重大的改善。许多工艺改善的基础，都来自简单的温度变化。对于葡萄酒的发酵，巴斯德找到了既能杀死微生物又不破坏风味的恰到好处的温度。这一工艺中的细微变化后来被应用于牛奶时，便衍生出一个意义重大的创意。巴氏杀菌法到底挽救了多少生命，恐怕没有人会知道。

海绵橡胶不适合作为靠垫。但后来，有人想到像烤制面包一样为乳胶加热。就这样，现在我们有了保暖舒适的橡胶座椅和床垫。

"如果改变形状怎么样？""怎么改变呢？""还能怎么改变呢？"按照这样的思路，在为一款产品思考创意时，我们可以有效积累诸多的备选方案。

滚柱轴承可以追溯到大约 1500 年的达·芬奇时代。在 4 个世纪的时间里，滚珠轴承都是直边圆筒，使用不及滚珠轴承广泛。带有革命性的改进出现在 1898 年，当时，亨利·铁姆肯（Henry Timken）首次为他的锥形滚柱轴承申请了专利，这种轴承只是对圆筒型的形状稍加改善而已。但新的设计却兼顾了径向和推力载荷，因此超越了所有其他形状的轴承。

"把这产品做成弯的会怎样？"一家电器制造商提出了这个值得思考的问题，并成功设计出了一款中心凹陷的培根烤架。烤架的盖子防止培根下陷，而凹陷处则可以把油脂排放至烤架的底部。

通过卷曲或盘绕灯丝，我们的电灯变得更加高效。通用电气的朗缪尔博士致力要找到一种与使用粗灯丝一样有效的使用细灯丝的方法。通过将细灯丝缠绕成线圈，并利用一种新的气体代替之前的真空，他创造出比第一代碳灯高效 15 倍的灯泡。

"这种东西还能制成什么形状？"这是我们的想象力应该探索的另一条途径。拿糖来举例，人们先是将糖制成了颗粒状，然后磨成粉，后又做成了方块。而后，美国糖业公司里的某个人对形状提出了这样一个问题："如果把这些骰子状的糖块做成多米诺骨牌状的长方形，不是更有吸引力吗？"从那之后，"多米诺"这个品牌便大获成功。

"还有哪些其他的包装可用呢？"这个问题应该与"还能制成什么形状"的问题搭配提出。除此之外，我们甚至还可以问："能否将包装与形状结合，组合出一个新的花样？"爱斯基摩派就是一个成功的创意。可用于食用包装中的食材越来越多。就像威拉德·道（Willard Dow）博士所说的："我们已经学会了制作人工肠衣和冰淇淋甜筒的方式。为什么要止步于此呢？"

第四节
感官是创意的来源

"我们能做出什么改变，来更好地刺激感官呢？"让我们来探索如何才能吸引眼球和耳朵、挑动味蕾并取悦触觉与嗅觉。

我们可以针对如何吸引眼球提问，并从色彩开始思考。沿着这条思路，一位科学家解决了如何在不吸引虫子的情况下进行室外照明的问题。他所做的，只是把普通的玛兹达灯的颜色从白变黄而已。

越来越多的工业机器制造商都在提问："哪种颜色更加适合？"在过去，几乎所有的机器都是黑色的，但较新的机器的颜色都很显眼，因此吸收的光热也比以前少了许多。许多工厂都通过这一改变提高了产量，减少了次品，也提高了士气。

当今的雷管是用涂有彩色塑料尼龙的电线引爆的。红色、黄色和蓝色这些鲜亮的颜色在矿井隧道岩壁的映衬下清晰可见。在漆黑的煤矿巷道里，所用的塑料尼龙是闪闪发光的白色。而在白色的盐矿中，所用的尼龙则是黑色的。

为了更吸引眼球，我们还可以提问："如果加入动态会怎么样？"如今，我们的圣诞树上挂上了彩灯，不仅闪着五颜六色的光芒，还营造了喜气洋洋的氛围。通过让博人眼球的招牌更富动态，道格拉斯·利（Douglas Leigh）赚得盆满钵满。他招牌上抽烟者的嘴里会喷出交通环岛一般大小的烟圈，但那并不是烟，而是蒸汽。

"如何才能更加悦耳？""我们能用声音做什么呢？"通过让想象力在这条小径驰骋，美国销售员埃尔默·惠勒（Elmer Wheeler）名声大噪。"滋滋作响"的牛排就是他的主意。他已经围绕"滋滋作响，牛排大卖"发表了4000场演讲。在促销方面，许多新花样都来自声音的加入。例如，一些尿布干洗店都会在卡车上安装一种可以播放《摇篮曲》的新型音乐喇叭。一种电动干衣机则会随着《我为你干涸》（How Dry I Am）这首歌自动关机。

我们可能还会问："如何能吸引嗅觉？"人们在这方面的创意太少了。以面包为例。走过面包店时，我们都能感觉到一股香喷喷的味道充斥在鼻孔之中。总有一天，会有人设计出一款带有同样香味的面包包装纸。就连吸引触觉的问题也值得探索，对于味觉的吸引力就更不必说了。

沿着这些思路，我们可以想出无限的新花样。对于任何一个想要对产品进行创新或改善的人而言，为更有效地吸引感官所做出的改善都是一条重要的途径。

第五节
替换的技巧

　　替代的问题与改善和借鉴有异曲同工之处。想要积累"还有什么别的可能"的创意，一个简单直接的方法便是通过甲乙互换。因此，我们可以这样问自己："可以用什么来替换？""还有没有什么别的方法？"

　　寻找备选方案是一种需要反复尝试的方法，我们都可以在日常创造时加以运用。但与此同时，这种技术也是科学实验的关键。保罗·埃利希想要找到一种合适的染料来为实验室小鼠的静脉染色。在寻找能够杀死锥虫的药剂的漫长过程中，他尝试了各种染料，总数超过 500 种之多。

　　替换的方法并不局限于事物。地点、人甚至情感都可以被相互交换，甚至思想也可以转移，阿基米德的故事便是一个经典的例证。他需要鉴定一项王冠是否完全是由金子构成的，对他来说，计算皇冠体积的难度实在是太大了。于是，他便做了一件一贯有助于刺激创意的事——他洗了个热水澡。

　　"我的身体使水位上升，溢出的水与我的身体体积完全相同。我可以把皇冠浸入水中，测量它的排开的水，从而算出皇冠的体积。把这个数字与黄金的已知重量相乘，我就能证明皇冠是否是赝品了。尤里卡，我终于找到方法了！"就这样，通过用排出的水的体积代替金子的体积，他巧妙地进行了思想的"调包"。

　　许多有价值的新想法都是通过寻找备选方案产生的。因此，让我们提问："除此之外，还能使用哪些替代元素？"主动齿轮的例子，就让我们看到了这条通往创意成就的康庄大道。通过使用金属蜗轮代替传统齿轮，卡车的传动装置得到了改善。那么，为什么不在汽车上用某种液体代替金属齿轮呢？这听起来可能有些像是天方夜谭。但是，为了让最新的汽车更易驾驶，人们就是这样做的。

替换甚至可以用来"无中生有"，然后再"以有换无"。这种神奇的变更组件的方式为我们带来了升级版的电灯。为了找到性能更强的灯泡，美国化学家欧文·朗缪尔（Irving Langmuir）博士首先探索了爱迪生最初发明的电灯内部为什么会变黑。从理论上来说，灯泡里除了灯丝之外什么都没有，甚至连空气也不存在。朗缪尔努力打造出更严密的真空环境，但灯还是会变暗。后来，他尝试了一种又一种的气体，直到发现最适合的氩气。气体对真空的代替，再加上朗缪尔发现的恰到好处的灯丝缠绕法，衍生出了一种效率两倍于普通真空钨丝灯的充气灯。

我们也该问问自己："还能使用什么原料？"几个世纪以来，肥皂只是肥皂。后来，人们通过替代原料研制出了一款接一款的改进肥皂。最新的创意是"无皂"肥皂，来源于一种名为脂肪醇硫酸酯的新型化合物。

谁会想到将胶水加入清洁剂之中？你可能以为，这个想法出自一家伟大的研究实验室。但是你错了，想出这个创意的是两个密尔沃基人。因为失业而捉襟见肘的两个人，与自己的妻子一同制作出了Spic and Span清洁剂。妻子负责包装，丈夫则负责兜售。家庭主妇们在试用之后纷纷抢购。宝洁公司发现了这款产品在美国中西部取得巨大成功，并向这几位业余的化学家支付了一大笔钱购买这款产品。

如果饲养家禽的农场主不能通过杜邦公司的德尔斯特罗补剂量

给家禽补充维生素 D，鸡肉和鸡蛋的价格便会比现在更高。维生素 D 通常是从金枪鱼和大比目鱼的鱼肝油中提取的。但杜邦公司却用贻贝作为替代品，这是一种丰富、廉价且至今未被开发的资源。幸运的是，因为金枪鱼和大比目鱼的供应由于战争被切断，人们及时地想到了这种替代的方法。同样地，就在战争使得樟脑的传统原料供应不上之前，杜邦也发现了一种樟脑的替代品——樟脑的原料，就是我们南方的老樟树。

"还有什么方法？"这是另一个能够引出创意的问题。应该在真空还是压力下处理？应该使用铸造还是刻印工艺？这些，只是我们为了找到更好的想法而针对方法提问的诸多途径之一。

"还有其他什么更有效的动力呢？"虽然脚踏缝纫机所需的力量很小，但用电力代替双腿的力量却是一项值得赞赏的成就。对于新型汽车而言，空气动力升降车窗始于约翰·奥伊什（John Oishei）所追寻和捕捉到的一个小小的灵感。在雨中驾驶自己的 1912 款汽车时，他遇上了交通事故。受这件事的刺激，他发明了一款手动雨刷器，后来成为所有汽车的标配。尽管取得了成功，他还是不断地问自己："这件事为什么非要用手工来做？"对于一种更简单可靠的能源的追求，衍生出了一款被他比作"在前院找到一口天然气井一般"的发明。利用进气歧管，他通过一根微型软管将空气吸入，而这股空气则为挡风玻璃顶部的马达提供了动力。

接下来，约翰·奥伊什将他的真空动力引擎应用于汽车喇叭和挡风玻璃的除霜风扇。同样的动力也可用来在挡风玻璃上喷水，从而在干燥的天气里清洗和擦拭玻璃。他最新的改进是一款通过即时触摸按钮控制的空气动力装置，可以用以上摇和放低车窗。

"还有谁能胜任？"在通过替代法积累备用选项时，我们也可以沿着这条思路问自己一些问题。"还有谁能做得更好？"也是一个很好的问题。一次，我必须要写一份通告来为一座战争纪念碑筹措资金。我越想越觉得，这个任务所需的精神力量要超出我的能力范围之外。我列了一份能写出更有质量的信件的人的名单，并选出一位儿子曾在空军服役的男性，他对我们寻求资金资助的事业有着刻骨铭心的认同，而他的信也比我能写出的内容要动人两倍。

"还能在什么地点进行呢？"这也是一个有效的问题。地点的转换可能会让人的感情状态随之起伏。由于1948年的煤矿工人罢工，整个美国陷入了近30天的瘫痪。矿工代表约翰·卢埃林·刘易斯（John L. Lewis）和矿主代表以斯拉·范·霍恩（Ezra Van Horn）之间的矛盾难以调和。众议院议长乔·马丁（Joe Martin）安排他们在一个不同寻常的地点进行会面——他自己的办公室。不到13分钟，剑拔弩张的双方就在一个问题上达成了一致，而这个问题则化解了一场可能会使整个美国停摆的罢工。

用一种兴趣替代另一种兴趣，这往往是个人进步的关键。我认识一位有一个爱玩火柴的儿子的母亲。她转移注意，思考"该拿什么东西来替换"，并想出了用吸管代替火柴的方法。这个主意果然有效。在绝大多数的青少年犯罪案件中，最好的解决方案或许是去改变孩子的父母。相比之下，能解决部分问题但却更易于操作的答案则是改变环境——用无害的乐趣代替有害的影响。

借鉴、修改和替代的道路，是通往无数创意的无尽道路。无论遇到什么问题，让这些道路带领我们的想象力探索各种领域，都是明智之举。

讨 论 话 题

1. 为什么说借鉴他人想法的自由有利于公共利益？请讨论。

2. 你能说出多少个"每月最佳某某俱乐部"的名字？除此之外，再想出 3 个可行的方案。

3. 哪些改动在轴承行业创造了新佳绩？你能举出哪些类似的成就？

4. 请说出 3 种借助五官促进新想法产生的方式。

5. 说出五种通过备选方案对产品加以改善的方法。

练 习

1. 如果房子是弯曲而不是笔直的，可能改善其中的哪些特征？

2. 晚饭后，你的客人与你的孩子玩耍打闹，把他们折腾得兴奋难寐。你该怎么解决这个问题？

3. "翻页"小册子是由按序排列的图片组成的，用拇指不断拨动这些图片时，便会营造一种电影的视觉观感。这个旧的创意还能应用在什么新的用途上呢？

4. 众所周知，父亲很难与十几岁的女儿交谈。提出 6 个双方都会感兴趣的话题。

5. 就像《我为你干涸》完美搭配干洗机的工作一般，列出 3 首适用于其他家用电器的歌曲。

第二十三章

第一节

加，减，乘，除

对"补充"和"精简"的探索，是自我质疑技巧的一个重要阶段，这个阶段可以激发想象力，产生越来越多的想法。"放大"的范畴包含了加法和乘法带来的无限可能性，而"缩小"的范畴则需要通过减法和除法来积累备选方案。

为了更好地通过放大进行探索，我们可以问自己这些问题："还要添加什么？""是否应该做得更坚固？""应该做得更大吗？""还有什么额外的价值？""还有可以添加什么成分？"

对于通过放大实现的创意，规模是最基本的关键因素。例如，过去的轮胎要比现在小得多，因其狭窄，留下的车辙很容易造成事故危险，缓冲作用也非常微弱。大约 25 年前，一位轮胎制造商提问："为什么不让轮胎变得更大一些呢？"这个问题引出了低压轮胎的诞生。这种一推出便轰动一时的轮胎很快就成功积累了人气，并于 1928 年成为人们常用的轮胎类型。"为什么不把这轮胎做得再大些呢？"这个问题，又引出了超级低压轮胎的出现，也让购买替换轮胎的人心甘情愿地支付了高价。

"如果包装大一点会怎样？"这个常被问到的问题，或许会带来诸多收益。橡胶工厂会使用大量胶浆。通常情况下，这些胶浆装在约 3.7 升的罐子里，用过之后罐子就被丢弃。一名工人建议将胶浆放入桶盖可以拆卸的 190 升的罐中，每个操作员都应使用一只可重复使用的罐子。这样既减少了浪费，又节省了锡。提出扩大包装建议的员工因为这个想法而获得了 500 美元的奖金。

在通过加法积累备选方案时，我们也可以跳过尺寸大小来考虑问题。"延长时间怎么样？"这完全可以作为一个新问题。许多工艺都因历久弥新而得到了改善。在人际交往中，多用些时间往往是有益的。如果能数到三再回话，我们说出的话便会更加合宜。事实证明，设置冷静期是面对劳资纠纷时的明智措施。

提高频率也可能是一个值得探索的选项。"提高频率怎么样？"某位明智的医生一定问过这个问题，结果，少食多餐就成了一种屡试不爽的处方。

"如何才能增加力量？"这是另一个关键问题。具体来说，我们可能会问："如何增加强度？"加厚脚跟和脚趾部分的编织袜很快便赢得了人们的欢迎。通过对汤匙易磨损部位进行加强，银器制造商奥奈达公社使其新品更受欢迎。通过对玻璃器皿的边缘进行热处理，利比玻璃制品公司成功制造出了无损的玻璃杯。

"应该添加什么物质来加强坚固程度？"很多人都因这个问题想到了层压技术。然而我们必须承认，很大程度上，将层压材料应用于防碎玻璃是一种偶然事件。公认的说法是，一位化学家打翻了一瓶火棉胶，在试图捡起玻璃碎片时却发现碎片粘在了一起。而这件事便导致了安全玻璃的发明，简单来说，安全玻璃就是将一层塑料材质夹在两层玻璃之间制成的。

沿着"补充"这条思路，我们也应该想一想："怎样才能增加更多的价值？"这个大问题下的一个小问题可能是："我可以在一套产品中加入赠品吗？"长筒袜总是成对出售。一家食品连锁店的老板决定将织袜添加到他经营的超市的商品中。他希望用一种新方法进行销售，从而为顾客提供更多的价值。于是他想出了打包三双袜子而不是两双袜子的主意，也就是"买两双，送一双"。他还特地为这种2加1的尼龙织袜想出了"三尼龙"的名字。

通常来说，想要增加价值，我们可以用更低廉的价格提供更多同样的东西。但是有的时候，增加新的东西则可能更具吸引力。通过赠品的形式体现附加价值，这是美国企业常用的一招。一般来说，每年商家在赠品上投资的金额要超过5亿美元。

另一个要问的问题是："我可以添加什么成分？"很多女性都会在做饭时本能地问自己这个问题。许多女主人在做沙拉的时候都会加一点大蒜或勃艮第葡萄酒，从而赢得众人的赞誉。在制造产品时，新成分的添加往往会带来良好的收效。多亏了伊利诺伊大学的研究，牙膏制造商在产品中添加了氨化成分，后来又加入了叶绿素。一家首屈一指的品牌中便含有这两种添加成分。

"可以添加哪些额外的功能？"钟表制造公司韦斯特克洛斯在20年前成功地遵循了这一路线，为其"大本钟"闹钟设置了两种钟声——一种洪亮，一种低沉。而今，韦斯特克洛斯公司又在钟上增加了一盏闪烁的灯，可以无声地唤醒沉睡者。但如果这善意的光亮被忽视，严厉的钟声便会响起。

舒适环境的设置，是影响员工关系的一个关键问题。通常情况下，更加明亮的光线和更加鲜亮的彩漆能使工人们更喜欢他们的工作。另外，更舒适的卫生间和免费的咖啡也能起到一定作用。响遍工厂的音乐不仅压盖了机器发出的刺耳咔嗒声，也增加了员工的满意度。

第二节
最大化的利用

几乎每一种修辞都可以为新想法提供线索，夸大事实的夸张手法也不例外。所以我们可以问问自己："如果把这件事夸大好几倍会怎么样？""如果这件事被夸大到荒谬的地步，会怎么样呢？"

将"补充"渲染到荒谬的地步，是漫画家的一项基本技法。美国漫画家斯坦·亨特（Stan Hunt）承认，夸张是他最擅长的绝技。他说："我在一堂变态心理学的课程中了解到，精神病患者的特点只不过就是正常特征被放大了而已。卡通人物的设计也与此大致相同。"

一定程度上，迪士尼的艺术一向都以加倍的夸大作为基础。在迪士尼的一部电影短片中，一支管弦乐队演奏了歌剧《威廉·泰尔》的选段。他先是展示了一位小提琴手同时演奏5把小提琴的情景，然后又展示了5名小提琴手同时演奏一把小提琴的画面。

大多数人都只想要成为芸芸众人，而不愿突出个性。但是，那些追求镁光灯的人们却常常会通过夸张的着装博人眼球。纽约市市长菲奥雷洛·拉瓜迪亚（Fiorello LaGuardia）用帽子成功地吸引了人们的注意，并获得了"大帽子"的绰号。美国金融家戴蒙德·吉姆·布雷迪（Diamond Jim Brady）[①]的做法是在衬衫前襟别上一个超大号的发光二极管。亚历山大·伍尔科特则会身披一件巨大的波浪

---

① 原名詹姆斯·布坎南·布雷迪。

斗篷。

在个人问题上，我们有时或许能够通过夸张找到想要的答案。在应对孩子犯下的严重错误时，我们可以问："怎么才能把这件事夸大至极？"一位母亲就给女儿上了刻骨铭心的一课。复活节时，小姑娘收到了婶母送给她的一盒糖果。那天晚上，父亲向她要一块巧克力，小姑娘却反驳道："这盒糖不是给我们全家的，全都是我的！"第二天，那位母亲带回家两大盒巧克力，一盒自己享用，一盒送给丈夫。小女孩明白了其中的道理，并因此改正了错误。

即使在商业领域，夸张也可以成为阐明观点的有力工具。查尔斯·布劳尔（Charles Brower）发现，一位电台广告作家坚信销售信息必须激起听众反感才能产生效果的理念。因此，布劳尔想出了这样一则寓言故事："一个周末，一个男人去镇上帮妻子采购。他走进一家杂货铺，那里的店员都学过通过激起顾客厌恶感来营销的技巧。第一个店员在介绍一种很受欢迎的肥皂时踩了他的脚。另一位店员把顾客的帽子拉下来遮住他的眼睛，让他注意到那天汤品罐头正好特价。第三个店员则在正要出售一种新品酥油时往他的小腿上踢了一脚。"

第三节
乘法的利用

沿着"补充"的思路，我们也可以考虑使用乘法，并提出"如果翻倍效果会如何"这样的问题。比如说，约翰·奥伊什最初的设想是每辆汽车只安装一根风挡雨刷器。后来，他把这个数字翻了一番，将两根雨刷设置为每块挡风玻璃上的标配。现在，他正在筹备在后窗上安装三根雨刷。

约翰·科尼利厄斯（John Cornelius）的面前摆着一个引进一款新品杂货的问题。他希望找一种更具吸引力的与众不同的方式。明智如他，选择了从最显而易见的事情开始考虑。他尝试了保证退款这种行之有效的方法，然后努力思考如何在如此陈旧的想法中加上激动人心的新元素。通过乘法思路，他想出了"翻倍退款"的主意。这种方法大受欢迎，引得至少16家广告商都争相效仿。

一直以来，诸多新品都是通过乘法诞生的，其中最新的一款产品为画画之人带来了福音，让他们无须再将调色板上的颜料刮干净。当今，约翰·安东尼（John Anthony）发明了一款由50张不透水的纸组成的调色板。只要剥掉蘸上颜料的表面，一张焕然一新的调色板就在眼前了。

当然，乘法也为美国生产力的奇迹提供了基础。排式钻床的出现，只是众多基于乘法的生产机械之一。有两个小例子可以说明乘法原理的运作方式。在一家橡胶厂，作为电镀的准备，人们会用一台四排吊架将小金属片浸泡在酸中。"为什么不用六排吊架，而非要用四排呢？"一位工人提出疑问。同样地，另一位员工也问道："为什么我们不能使用双层冲压模具来切割金属，而非要用单层的呢？"就这样，产量便由此翻了一番。

除了问"怎样才能一石二鸟"之外，还有一个很棒的问题是："如果进行大规模复制会怎样？""肥皂盒"德比赛车① 就是一个值

---

① 这项比赛于1933年开始在美国流行。刚开始时，孩子们用废弃的肥皂箱制作无引擎的车子，利用斜坡比赛谁能最快最稳地到达终点。

得注意的例子，让我们看到一个小小的创意如何像滚雪球一般发展为全国赛事。在故乡代顿观看青少年自制汽车比赛时，迈伦·斯科特（Myron Scott）产生了这个灵感。起初，这项比赛只吸引了当地人的兴趣。然而，有了雪佛兰的加持，这项比赛于1935年迁至阿克伦，并接管了一条全新的专属混凝土赛道。现在参加肥皂盒德比赛车的男孩已经超过了20万人。

第四节
缩小的利用

有时，我们也可以寻找各种途径，通过缩小来放大自己的创造力。正因如此，在搜寻完"更多"的选项后，我们也应该将目标转向"精简"。沿着这条思路寻找创意时，我们可以问问自己这样的问题："如果这种东西更小会怎么样？""有什么是可以省略的？""试试除法会怎么样？"

在考虑某种产品时，我们可以探索这个具体问题："我们该如何使之更加紧凑？"轻薄的怀表和小巧的腕表就是通过这种想法诞生的。收音机为我们提供了另一个例证。

早期，美国发明家阿瑟·阿特沃特·肯特（A. Atwater Kent）在一年内制造并销售了超过100万台收音机。他几乎事事包办，包括机器的设计。在事业巅峰之时，他宣布："明年，我要把最受欢迎的机型的尺寸减小一半。"虽然同事们对此举的明智性有所怀疑，但肯特先生还是这么做了。这款名为"袖珍"的小巧收音机模型，取得了比之前更大的成功。

"如果更小会怎么样？"这个问题，甚至能用在坑洞的设计上。为美国空军在非洲建成预制飞机场的沃尔特·欧文（Walter Irving），是通过为银行、公共建筑和乡村庄园建造大铁门起家的。后来，他又开发出了地铁的人行道格栅。他发现，女人的高跟鞋会被卡在格栅里，婴儿车也会被绊住。因此，他便想出了一种更新更好的格栅，这种格栅的空隙很小，高跟鞋不会卡在里面。而这，也就引出了他关于预制飞机场的创意。

沿着"扩大"这条思路，我们曾经提出过"超大号怎么样"的问题。在"精简"这条思路上，我们则应该提问："能不能做成微型呢？"巧克力制造商因遵循这条思路而获益。一家自来水笔制造商推出了一款名为"半号"的微缩版本，让女性可以将笔竖直插入手提包里。

我们还可以提问："能否压缩？"这条思路延伸出的一个好主意就是新推出的一款折叠后可放入女士提包的原尺寸雨伞。另一个好主意则是一小叠薄膜状肥皂片，放入水中，这些肥皂片便会膨胀成湿巾。沿着这条思路，浓缩冷冻橙汁也是一个很好的例子，这款产品给柑橘行业带来了一场革命。仅仅一家由波士顿研究人员开发的新品牌，现在每年的天然果汁销量就可达到大约 6600 万升。

沿着"扩大"的思路，我们研究了高度和长度的问题，同样，我们也应该问自己："可不可以更低一些呢？"在设计新车时，如何降低车身高度一直是工程师们面临的挑战。只是为了制造一辆车身低出 0.6 厘米的汽车，制造商就要花费与重新设计一款新车型差不多相当的经费。

"能不能缩短长度？"这也是一个好问题。这个问题的根本涉及声波和光波。奈拉工业园的创意成就之一便是缩短了波长，让灯具发挥出以前只有太阳才能发挥的功能。

太阳的辐射能可以分为三大类：第一类，长波辐射，比如热；第二类，产生光和颜色的可见放射能；第三类，短波辐射，如不可见的紫外线。在缩短波长的问题上，科学的计量单位是埃格斯特朗，只有0.1 纳米！

通过缩短波长和一种特殊的玻璃，通用电气公司的工程师们制造出了这款日光灯。波长较短的太阳光可以杀死细菌。大约 95% 的这种杀菌辐射的波长都极短，只有 2537 埃。在特殊玻璃的帮助下，通用电气的新款杀菌灯产生的光波可以有效地杀死细菌。然而，这种缩短波长的成功最初只不过是基于这样的想法：将太阳波长的不同波段分割开来。这意味着，我们也可以问问自己："能不能把这二者分割开来呢？"

"能不能把这样东西的重量减轻？"据《生活》杂志的编辑介绍，一位意大利的发明家将这个问题运用到了客运列车上，发明出了一种"有可能彻底颠覆铁路旅行"的新型列车。美国汽车铸造公司已经生产出了这种列车并完成了测试。这些列车全长仅有 6 米，与汽车拖车一样轻便。与八轮列车不同，每节车只在尾部装有两个轮子。

凯特林的天才之处就在于他提出了这样的问题："这样东西为什么非得这么重？"人们普遍认为，汽车必须要使用大量的柴油。而凯特林并未听信这一传统，在代顿实验室研究人员的帮助下，他发现答案的关键在于一种极尽精准的新型喷油器，这种机器可在高压下以适当的间隔向发动机喷射用量恰到好处的汽化燃料。现在，与凯特林尚未提出这一颠覆传统的问题之时相比，柴油发动机的重量与功率之比减少了 10 倍。

消防水管带来了很大的商机，竞争也很激烈。一位富有创造力的工程师问道："我们为什么不能把消防水管做得更轻便呢？"从这个问题出发，他的公司开发出了一种比以前轻 18% 的新型水管，且投入使用所需的时间也缩短了许多。

这种省时非常重要，沿着"精简"的思路，可以引出另一个问题："这件事可以更快完成吗？"这个问题，让冷冻食品大王伯德塞（Birdseye）发掘到了他的王牌。食品冷冻并不是什么新鲜事，但伯德塞发明的冷冻法的速度极高，以至于能让冷气穿透最小的细胞。接下来，他就如何将这种技术应用于食品干燥进行了头脑风暴，经过多年的努力，他找到了一种将脱水时间减少 16 个小时以上的方法。

对于每小时薪酬成本颇高的美国，之所以能够高效产出低价商品，部分原因要归结于这些问题："这件事如何才能加速？""哪些无效的过程是可以剔除的？"如果人们没有将创造性思维运用在这些问题上并进行时间效率方面的研究，商品的物价便会比现在更高，而销售量则会比现在更少。针对时间的类似研究同样对零售业起到了改善作用。快餐店的成功就在于节省时间带来的劳动力成本降低。超市的发展也离不开省时技巧和其他因素。

即使在家庭矛盾上，时间问题也值得探讨。学习成绩不好的孩子可能是把太多的时间花在了听收音机和其他耗时的活动上。在处理这类问题时，聪明的母亲会提出问题，探索如何缩短这些消遣活动的用时。

第五节
省略和除法的利用

现在，这条"精简"的高速公路把我们引到了"省略"这条岔路。在这里，我们可以问问自己："有什么是可以精简的？""能不能把这样东西省略掉？""为什么不试试把组件减少些呢？"这条思路衍生出了二战期间使用的安全性更高的护目镜。当时，一位制造商这样问自己："护目镜有两个镜片。为什么非要是两个？用一个镜片将两只眼睛都遮住不行吗？"就这样，"Monogoggle"护目镜便应运而生了。

有的时候，我们不必只省略部分，而是可以将整样东西都剔除掉。新款的无内胎轮胎就是一个例子，可以说，随着内胎的消失，戳破和爆炸问题也随之消失。

马丁·皮尔森（Martin Pearson）是庞蒂克黄色卡车工厂的一名战时工人，他提出的两个建议在 60 天内节省了超过 2.32 万立方米的木材。其中一个建议是改进军用卡车的运输方式，另一个建议则是用模版将信息直接印在卡车上，这样就省去了为每辆卡车单独使用木板的需求。如此一来，工厂每个月节省的工时达到了 242 个小时。

显然，消除令人反感的内容也是对于创造力的一大挑战。亚历克斯·施瓦茨曼（Alex Schwarcman）博士就是这么做的，他认为，蓖麻油的味道并不一定非得是传统的味道，于是便开发了一种无味的类型。C. N. 基尼（C. N. Keeney）发现四季豆很难烹制，如果不剥去粗筋，口感便让人很不舒服。他还注意到，运输到他的罐头工厂里的四季豆有些是没有这种粗筋的。于是，他便决定寻找这些"怪胎"。在豆子的生长季节，他便穿上连身工作服，匍匐在一块块土地上检查每一株的植物。他发现了大量不带粗筋的四季豆，并保存起来重新种下；他将这个过程一次次地重复，直到得到了他想要的东西——一根不带粗筋的四季豆。

在通过排除法寻求创意的过程中，另一个要问的问题是"可不可以做成流线型"。在汽车行业，顺着这个方向思考，不但可以增加车身的吸引力，还可以降低成本。另一个例证则与喷气式飞机有关。当喷气式飞机以音速飞行时，空气无法排开，而是被积压在机翼的前缘。由于有这种"冲击波"，空气的强压足以将机身撕成碎片。赖特·菲尔德（Wright Field）发明了一种新型机翼结构，将表面摩擦降至最低。这种机翼的外壳像镜子一样抛光、打磨，且没有铆钉、搭接接头和其他凸出的部件，机翼的表面是由几层黏合在一起的玻璃纤维网布制成的。

美国工业的天才之处在于简化。而提到简化，则几乎无一例外地意味着思考应该剔除些什么。设计的流线型值得推崇，但生产过程的流畅化则更为重要。

"省略"的想法并不一定局限于物品的制作。在人际关系中，省略的作用往往也很重要。我们不妨问问自己："有什么话最好不要说出来？"这种缄口不言在外交中往往被视为难能可贵的举措，在日常生活中也可以发挥重要作用，促进人与人之间更好地和睦相处。

除了考虑减少之外，我们还可以通过除法来寻找备选方案。让我们问问自己："如果将这件东西分割开来会怎样？""能不能把这东西分成几份呢？"

我女儿的孩子在睡觉时非要盖某一条婴儿床被，要不就睡不着觉。床被是必须要洗的，若几乎天天都用，又怎么能来得及洗呢？但若是换成另一条床被，小姑娘便能本能地感觉出来，吵嚷着表示抗议。我的女儿突然想到，可以把这被子裁成两半制成两条被子轮换着洗。这个主意非常好使。

别忘了，分类也是一种方法。这一招似乎在鸡肉行业很管用。许多商店现在都会专门对家禽进行分割，把鸡腿卖给那些想要鸡腿的人，把鸡胸肉卖给那些想要鸡胸肉的人。

"分而治之"是希特勒的总策略。"如何才能零敲碎打地加以处理？"这是一个很好的问题，甚至可以用在日常的人际关系问题中。

另一条值得探索的"精简"思路便是轻描淡写。这条思路可以指引你写出更好的作品，就像莎士比亚让恺撒说出的"亦有汝焉？"[1] 在击溃西班牙军队后，蒂雷纳子爵只向路易十四国王传达了寥寥数语："敌人前来，已被击败。吾累矣，望安寝！"

在戏剧批评中，轻描淡写则会使讽刺显得更加尖锐。爱金生曾经写道："给戏剧起名《地狱半途》的威尔伯先生，低估了这部戏与地狱之间的距离。"在报道百老汇的戏剧时，美国幽默大师罗伯特·本奇利（Robert Benchley）经常会使用轻描淡写的方式将讽刺与幽默结合。例如，"在这部戏里，每个演员都把每一个字吐得如此清晰，这真是一种不幸"，这就是他对某部戏的评价。

在漫画中，"精简"的技巧通常以轻描淡写的形式呈现。艺术家尽己所能地省略了所有可能的细节，用最少的笔触创作出一幅画。广

---

① 原文为拉丁文"Et tu, Brute?"后世普遍认为，这是恺撒临死前对刺死自己的养子说的最后一句话。

告人也越来越倾向于轻描淡写，以强势凸显信息。但这一趋势尚且新颖，当女性杂志 *McCall's* 以《McCall 杂志已经犯了四五年傻》的标题在报纸上刊登整版广告时，整个纽约市的民众都被震惊了。

讨 论 话 题

1. 通过放大的思路寻找备选方案时，你可能会问自己什么问题？

2. 举出 3 个通过乘法得出新想法的例子。

3. 通过缩小的方式寻找备选创意时，你会问自己什么问题？

4. 列出 3 个通过简化程序得出新想法的例子。

5. 如果将汤罐头减小到一般尺寸的一半，会为家庭主妇带来什么好处？如果制成平常的五倍呢？

练 习

1. 提出一个可帮助《读者文摘》增加读者的专栏。

2. 提出至少 6 个建议，使普通教室成为一个更愉快和高效的学习场所。

3. 提出至少 6 件可以通过添加叶绿素提高售价的商品。

4. 针对以下每种物品，想出至少 3 种适合的赠品：男鞋、洗衣机、客厅沙发套件、外置马达。

5. 如果一个有抱负的政治家想要在穿着上博人眼球，参照前纽约州州长阿尔·史密斯（Al Smith）的棕色毡帽或前英国首相张伯伦（Chamberlain's）的雨伞，你能提出哪 3 个创意呢？

第二十四章

第一节
重新排列，反转，组合

自我提问可以帮助我们将想象投射到更多的相关领域。通过重新排列，我们可以得出无数的想法。作为联想第二定律的对比律，可以通过反转的方式开辟诸多新途径。毋庸赘言，一直以来，组合都被认为是创造性想象力的重要功能。

重新排列通常会衍生出数量令人难以置信的选项。例如，一个棒球经理可以对球队的击球顺序进行 36.288 万次的调整——也就是说，同样的 9 名球员，能够衍生出 36.288 万种重新排列的方式！没错，通过提出"这样东西该如何排列""顺序能不能够改变"这样的问题，我们便可以得到无穷无尽的备选方案，也就是无数个引出创意的线索。

好在，重新排列的欲望是一种与生俱来的特质。孩子们会把同样的积木堆成各种各样的形状。母亲们会不断地移动起居室的家具，添加一个新灯罩或一块新桌布，每一次增减都能让房间焕然一新。时髦的女孩甚至会对自己的外貌进行重新调整。她们对嘴唇、眉毛和头发这些与生俱来的元素进行修饰，打造出一张又一张的新面孔。

"还有其他更好的布局吗？""对照这一部分，那一部分应该放置在哪里呢？"诸如此类的问题，将帮助我们通过对构成元素进行重新排列来积累各种备选方案。

"马车应该置于马的前面吗？"这曾经是一个学术问题。"发动机应该放车前还是车后"则是一个鲜活而现实的问题。对于游览车而言，这个问题被翻来覆去探讨了许久，从目前来看，这种不休的争吵弊大于利。但对于公共汽车，后置发动机已经很常见了。

同样，对于早期的飞机，一个激烈的争端所围绕的问题，就是螺旋桨在后的推进型和螺旋桨在前的牵引型哪种更好。结果，后一种选项占了上风。但是，新型喷气式飞机的动力来自后方，而直升机的螺旋桨则在机顶。所有这些都表明了一个事实，即总有其他的备选方案存在，尤其是通过重新排列。

"有没有什么效果更好的平面图呢？"这个问题是一切建筑设计的核心。在商品销售方面，久经考验的楼面布局正在因重新排列而动摇。商店纵向或水平摆放柜台时，顾客就会在两个柜台之间穿行，并"沿着缝隙往前走"，几乎没有机会被其他商品吸引。新的创意是将柜台在店内斜放，并在主要过道的尽头将柜台之间的距离摆得窄一些。一种更彻底的重新排列方式便是新出现的"Food-O-Mat"货架。货架以根据重力自流填充的原理为基础，消费者将底部的商品从取货口拿出来，整排商品都会下滑一格。这种方法统既节省了空间，又节省了工时。

就连银行也在重新排列方面取得了引人瞩目的独特创意。贝赛德国家银行宣布推出的全新"婴儿车出纳机"成了轰动全国的新闻，有了它，妈妈们就可以不必在办理银行业务时找地方停靠婴儿车了。许多银行为免下车服务打造了全新建筑。收银员甚至可以把托盘直接伸到顾客的车里去。

"以什么样的方式支付报酬最能起到激励作用？"我的一位邻居能给我们提供一个虽然微不足道但又意义重大的实例。晚上回到家时，他喜欢练习短距高尔夫球。他会拿出 30 个球，把球打到栅栏那边的隔壁空地上。他 5 岁的儿子很喜欢看他打球，一天，他大声说道："爸爸，如果我帮你捡球，你能给我多少钱？"父亲本来准备出 10 美分，但又改口说："你每找到 3 颗球，我就给你 1 美分。"

男孩跃跃欲试地开始动手捡球，但每次只能找到 27 或 28 颗球，他很少能坚持找到最后两三颗。父亲担心这可能会让孩子养成粗心大意的习惯，于是便对补偿方法进行了改良。他对儿子说："如果你能找到所有的球，我就给你 15 美分而不是 10 美分。如果只找到 28 颗球，你就什么也得不到。找到第 29 颗球时，我给你 5 美分；找到第 30 颗球时，我再给你 10 美分。"结果，小男孩每次都能把 30 颗球悉数捡回来，也更享受捡球的过程了。

这对父子的例子旨在说明，重新安排支付报酬的方式不仅能提高效率，也能让劳动者更加开心。在生产中，新的激励计划也遵循着同样的原则。从雇主、工人和国家经济的角度来看，其中一些激励计划的收效很好。对所有人来说，重新安排薪酬仍然是，而且永远都是一种创意挑战。

"时机如何？""换个节奏怎么样？""如果改变节奏会怎样？"一些广告人、演说家、牧师和演员中的佼佼者，其天才也离不开这些重新排列的方法。节奏的变化，对于杰克·本尼（Jack Benny）这种广播喜剧演员的高超技巧起到了重要作用。

时间表有什么可以改进的地方吗？各家企业都可以针对这个问题进行头脑风暴："什么样的工作时间最合适？"尤其是对于办公室工作，重新安排工作时间来提高效率的空间非常大。例如，一位律师的避暑别墅就在我的避暑别墅旁边，离他的办公室有 40 分钟车程。天气炎热的时候，他总会在清晨 5 点半开车去工作，以便在湖边度过一个下午。与此类似，许多商店也重新安排了营业时间，以便更好地方便公众并减少对交通设施的压力。

在家庭问题上，我们最好问一问："这件事应该早做还是晚做？""什么时候做这件事最合适？"就连发火的时间也可以进行重新安排，一位嫁给了律师的女作家就证明了这一点。她下定决心，拒绝让任何琐碎的家事破坏两人的关系，但即便如此，她还是很快发现自己会在丈夫回家时用一点也不浪漫的话题迎接他，比如窗户玻璃碎了得买新的，厨房的水龙头需要配一个新水槽，甚至是厕所不修不行了。她努力寻找着一个新的话题，希望改变两人之间的对话方式。一天傍晚，迎接丈夫回家的她对恼人的话题只字不提。丈夫对妻子的变化感到好奇，但什么也没有说。而事情在第二天早上便真相大白了。趁着丈夫正要去办公室时，妻子递给他一张清单，上面列着让他在一天的工作间歇处理的杂务。从那以后，这对夫妻便一直遵守着这一制度。

第二节
还有其他的顺序吗？

"序列该如何排列？""如何分出先后？"这些，是作家和剧作家无时无刻不需要认真思考的问题。按时间顺序排序是最简单的，通常也是最明智的。但有时，通过来回拨动时钟的指针，或许会让情节变得更加激动人心。

在广播节目中，重排顺序是一个常见的问题，尤其是安插广告的时机。毋庸赘言，赞助商希望广告信息尽可能波及最多的受众，但又不能让观众调台。针对这两难的困境，20年来，广播业只能以某些人的个人观点作为标准。在此之后，美国商人阿瑟·尼尔森（Arthur Nielsen）制定了一套科学的指导体系。通过连接在家用收音机上的录音设备，他已可以掌握每分钟收听节目的人有多少，以及调台的听众又有多少。借助这一数据，现在的广告商已可以重新调整顺序并改变安插广告的时段，从而确保收听率达到最高，调台率降至最低。

许多家庭问题都可以通过问自己这些问题来解决："这件事应该放在那件事之前吗？"例如，我的一个女儿早年身体虚弱，医生坚持让她多吃蔬菜。不管我们怎么训斥或劝诱，她总是先吃肉，对蔬菜却一动不动。"为什么不先给她上蔬菜呢？"这个问题让僵局迎刃而解。从那以后，我们吃肉和蔬菜时，她的面前只有蔬菜。为了能吃肉，她不得不把蔬菜咽下肚。奇怪的是，在她成为母亲后，她自己的女儿也出现了相同的问题。通过重新排列顺序，不久前，这个问题也迎刃而解了。

改变食物摆放顺序，可以让自取型餐厅获得更高的盈利。按照逻辑来说，甜品本应放在一排食物的末尾，但曾经这样摆放甜品的餐厅却发现，如果放在前面，甜品会卖得更好。

"能不能改变因果关系呢？""如果把位置调换一下呢？"即便是这些针对顺序的问题，也可以成为创意的来源。其中的原因之一在于，我们并不总能确定什么是因、什么是果。时至今日，我们仍不确定到底是先有鸡还是先有蛋。

即使是在细致严谨的问题上，次序也同样令人困惑。我们以药物为例。有个人染病发烧，诊断出的原因是泌尿系统的炎症。在我知道的一个病例中，人们最终发现，所谓的"病因"竟然是结果。真正的原因是排尿缓慢，从而给肾脏带来了巨大的负担、导致膀胱发炎。通过加速排尿，病人的膀胱被清空，病症和发烧也都消失了。

这个实例说明，在思考时互换因果的做法是明智的，而我们也可以针对表面的结果提问："这有没有可能是原因？"还可以针对表面的原因提问："这有没有可能是结果？"把这种创意的挑战沿用到个人关系中，通常也是正确的选择。很多人都会用这样的借口为自己开脱责任："人们不喜欢我，这就是我乖僻敏感的原因。"同样，这很可能也是因果的混淆。如果此人努力做到乐观公正，而不是忧郁主观，那就可能会换来人们的喜爱。

通过调整顺序，我们还可以打破恶性循环。例如，一个男人筋疲力尽地下班回到家，因为疲劳而与家人争吵了起来。这件事的后果又转化成了一个原因，惹得他心烦意乱，以至于当他上床睡觉时也辗转反侧。如此一来，结果又变成了一个原因。第二天早上去上班时，他仍然身心俱疲，而这又使得他回家时比以往还要疲倦和暴躁。

很显然，只需改变第一件事的结果，这个男人便能改变一切。虽然疲倦，但他在到家时可以佯装出高兴的样子。这样一来，他就能睡得更加安稳，第二天上班时也会神清气爽许多。如此，他在一天工作结束时便不会那么劳累，也就不会那么敏感了。

因果关系不是一成不变的，因此，思考如何改变二者的关系总能对我们的创造力起到积极作用。

当然，除了这种换位思考之外，让我们的想象力去挖掘其他可能的原因也能带来不错的收效。

第三节

调换技巧

不仅是因果关系，几乎任何事情都可以反转。正因如此，对比可以成为促进思如泉涌的动力。能够激励我们沿着这条思路进行思考的问题有许多，以下是一些例子："积极和消极能调换吗？""反过来怎么样？""相反的结果有哪些？""能不能尝试反转？""应该把这件事倒过来看吗？""为什么不放弃往下，而试试往上？""为什么不放弃往上，而试试往下？"

通过反转，我们可以将重新排列发挥到极致——甚至像喜剧演员常做的那样达到荒谬的程度。蔡斯·泰勒（Chase Taylor）就是这样一位喜剧演员，他以"斯图普纳格尔上校"的艺名为大家熟知，因为表演中古怪的反转技巧而成名。

"大反转"是好莱坞对颠覆性创意的称呼。许多电影的情节都是由人咬狗而非狗咬人这样的想法构思或激发出来的。在一个剧本会上，把两个电影编剧放在一起，便可以燃起这样的火花："我想到了，"其中一位编剧会这样大喊，"我们不应让他爱上自己的速记员，而要让他当速记员，把他的老板设定成一个为他痴情的姑娘。当他坐在她的腿上进行速记时，观众们会为之疯狂的！"

这种创造性思维的基础，是对传统思维对立面的探索，里奥·内杰尔斯基（Leo Nejelski）甚至在商业领域强调过这种探索的必要。他说："许多人发现，若能对显而易见的事情发起有条不紊的挑战，便能挖掘出原创的想法来。"托马斯·S. 奥尔森（Thomas S.

Olsen）则使用了一种略有不同的逆向思维方式。"在寻找一个想法的时候，"他说，"我总是从积极的一面转向消极的一面，然后再转回来。"通过先考虑显而易见的事物，然后再思考显而易见事物的对立面，他仿佛是在利用交流电般的方式提升自己的创造力。

"能不能角色互换？"让我们也来问问这个问题。卡尔·罗斯（Carl Rose）就经常会这样做，在他的漫画中，一位父亲在婴儿围栏里看报纸，而四个熊孩子则在围栏外调皮捣蛋。至于如何将角色互换用在更加现实的领域，埃尔斯沃斯·米尔顿·斯塔特勒解释道："我尽量不把自己看作一个酒店经营者，而总是设身处地为客人着想。通过考虑他们的需求，我得出了一些最有价值的想法。"在思考竞争时，问问自己"我的竞争对手在什么方面比我做得更好"，也不啻是明智的做法。

我们也可以问问自己："能不能把这话反过来说？"这是幽默作家的一大妙招。用在现实领域，这一种技巧就会被归在反语一类，即通过陈述相反的意思来阐明某一观点。与讽刺或挖苦不同，反语可以是善意的。我们可以经常通过这种方法来让话语更加掷地有声。

反语也可以用实物的形式来展现。例如，奥尔布赖特艺术画廊就通过一间糟糕的房间来鼓励人们培养良好的品位。这次展览名为"这就是糟糕的设计——一场终结一切展览的展览"。受吸引的人群让活动持续了三天三夜。展出的难看展品是一些怪诞的家用物件，唯一让它们免于被弃于垃圾堆中的原因，就是千奇百怪的样态。一位评论家形容，这系列展品是"上一代人烘焙出的最不可思议的姜饼"。

"做一些意想不到的事怎么样？""有什么办法可以出奇制胜呢？"多年前，一位好莱坞的新闻宣传员应要求在一部新闻短片[1]

---

[1] 关于新闻和时事的短片，曾在电影院里放映。

中担任评论员。短片中播放了一个棒球运动员突然停下的画面。"加入刺耳的刹车声。"他向负责调音的工作人员喊道。短片播出时，电影观众们在座椅中惊声尖叫起来。因为这个想法，前新闻宣传员皮特·史密斯（Pete Smith）开始策划他的系列喜剧短片并大获成功。

美国商人约翰·沃纳梅克（John Wanamaker）同样坚信对显而易见之事进行逆转的效果。他的得力助手这样评价他："沃纳梅克会有意策划用一种不同的方式去做不可思议之事，以至于他的一些同事曾拿应做之事的反面去预测他的举措，往往一猜一个准。"

在对产品进行头脑风暴时，我们应该问："能不能尝试反转？""为什么不把这件事倒过来呢？"一位皮货商就用这种方式对商标进行了颠覆，把它倒过来缝在外套上。这一点已经堪称别出心裁。但更重要的是，把皮草大衣挂在椅背上时，这位商人的名字便成了正面朝上，让人一目了然。

"为什么不从另一端试试呢？"伊利亚斯·豪（Elias Howe）发明的缝纫机的关键之处在于，他并未把针眼放在与针尖相对的另一端，而是把针眼打在了针尖上。

"能不能倒过来建造？"通过这种逆向思维，美国实业家亨利·凯泽（Henry Kaiser）在第二次世界大战期间奇迹般地加快了造船的速度。他的想法是把甲板室等整个部分都倒置过来，这样一来，焊工就可以进行俯焊而不是仰焊了。

通用电灯公司的吉恩·科莫瑞（Gene Commery）在寻找新的照明方式时会问自己："光既然可以往下照，为何不能往上照呢？"结果，一个全新的餐桌照明创意便应运诞生。灯被埋在地板之中，肉眼无法看见。光束从桌子上的空洞向上打到天花板的一面镜子上，镜子投射出柔和的光，正好覆盖住桌子的顶部。

第四节
结合的无限可能

绝大多数的想法都是通过结合的方式产生的，以至于人们通常将结合视为创造力的本质。为了将想象力运用到这个领域，我们可以向自己提出这样的问题："哪些想法可以结合在一起？""可不可以用合金试试？""混合在一起可以吗？""把不同的单位结合在一起呢？""目的可不可以结合呢？""组合成套怎么样？""分类怎么样？"

"哪些材料是可以结合的？"这是一个可以给你带来无尽选择的创意启动器。在阿尔伯特·W. 阿特伍德（Albert W. Atwood）看来，第二次世界大战"基本上可以称为一场合金之战"。例如，在珍珠港事件之后，美国需要使用大量的大炮。之前的方法是自己动手铸造和生产每一支炮管，但这要花费很长的时间。所幸的是，我们已经开发出了一种新的合金管子，管身非常坚固，很快就能打造成炮管。

合金在工业发展中发挥了重要作用，尤其是在汽车领域。在克莱斯勒制造的汽车中，有 20 多处的轴承是金属和石油结合打造的。我们将轮胎看作橡胶，但如果不与助剂和缓黏剂等化学物质结合在一起，最好的天然橡胶也远远不足以制作轮胎。当然，胎身主要还是由纤维制成的。人们起初用的是棉花，后来又转换成绳子。后来，在某些轮胎中，人们开始用棉花取代人造纤维，在其他轮胎中，取代人造纤维则是尼龙。

我们还应该问问自己，"还有什么其他因素可以与这种因素有效地合并在一起？""这个最适合将几个因素结合为一的产品中，还应加入什么元素呢？"现代的男士衬衫就属于后一个问题。就连年纪不大的人也不会忘记，在穿衬衣时特地套上衣领和戴上袖口是件多么麻烦的事。

另一种类似的组合在火车停车场清洗车窗时派上了用场。这是一种带有内置水管的大刷子，两种功能合二为一。这个想法最近又被用来开发出一种自动填充墨水的画笔。就像在喷漆器中的油漆会自动被输送到喷嘴处一样，这种画笔的颜料也能被自动输送到刷毛处。

关于组合的创意非常多。肯定有不止一个人问过："我该怎么组合出一台床头收音机呢？"在乳胶枕头中置入一台收音机，现在的我们就可以收听音乐而不打扰别人了。另一种收音机则与台灯结合，可以夹在床头，这样一来，我们就可以在休息时边听收音机边阅读了。

诸如此类的组合既能针对产品，也能针对用途，因此便出现了这样的问题："我该把什么东西组合在一起，才能让功效加倍？"如果不是因为本杰明·富兰克林，许多老年人仍会不停地在近视眼镜和老花镜之间切换。由于不愿在两副眼镜之间切换，他将自己的镜片切成两半并粘在一起，透过下面的一半进行阅读。就这样，他发明了双焦眼镜。

"通过结合包装，能够达到什么效果？"这个问题能够引领我们的想象力找到更多的备用选项。在去污剂的瓶子上安装刷子的想法不费吹灰之力就能想出。杯装奶酪的想法也是如此。

让我们再来问问："把东西组合成套会有什么效果呢？"一个简单的例子，就是克卢特皮博迪公司生产的同色系"箭牌"衬衫、领带和手帕。另一家手帕制造商把产品和《圣诞前夜》绘本结合为一，每张大幅的彩色插图上，都附着一块搭配的手帕。

"把各式物品分成一类或几类怎么样？"这个问题成为一项新业务的基础。由于大多数员工都用支票支付工资，兑现支票给银行造成了很大负担。B. F. 斯图贝克（B. F. Studebaker）就这个问题进行了头脑风暴。结果，许多银行现在正把纸币分成 10 美元、20 美元、25 美元、50 美元、60 美元等多组，然后用纸带将这些钱扎成捆，并在纸袋上醒目地印上钱的总数。然后，这一沓沓的钱便被归类放在收纳员柜台的专用架子上。如此一来，在工作繁忙的时候，出纳员们便用不着数钱，只需拿出一叠数额正好的钞票和零钱就行了。

从很大程度来说，科学就是通过结合而诞生的。我们很难意识到尼龙是由空气、煤和水制成的，而聚乙烯树脂则是由石灰石、盐、焦炭和水制成的。诚然，这样说有过于简化之嫌，但事实是，基本的元素真的就只有这么多。

25 年前，詹姆斯·哈维·罗宾逊在《创造中的思维》一书中指出："迄今为止，化学家已经能够巧妙地制造超过 20 万种化合物，其中的一些化合物，前人只能依靠动植物的炼金术获取。"顺便说一句，在这本写于珍珠港事件发生 20 年前的书中，罗宾逊曾做出这样的预言："化学家学会掌控原子间神奇能量的那一天，可能已经不远了，到那时，蒸汽机便会像踩踏式磨坊一样过时。"

或许，最富有成效的结合便是思想的结合。因此，通过对自己提问来积累备选方案时，我们应该将这些方案视为可以组合成更好创意的潜在元素。正如欧内斯特·蒂姆尼特所指出的："创意会通过吞噬类似的创意而不断成长。"

第五节
自我提问的归纳

前面三章的内容提出了许多帮助我们充分发挥想象力的意见。归根到底，所有这一切都可以总结为：通过各种方法积累备选方案，直到我们积累出丰富的素材——丰富到使得发掘我们要找的答案成为一种概率上的必然。如此说来，数量可以确保质量，正如美国心理学协会主席乔伊·保罗·吉尔福德博士所说："在单位时间能够产生大量想法的人，在其他条件相同的情况下，产生重大创意的概率也更高。"

在这里，我们总结了一些可以引发创意的自我提问：

"可以运用到其他用途上吗？可不可以保持原样但更新使用方法呢？如经修改，还能运用于哪些用途？

"应该加以借鉴吗？还有什么跟这件事物相似？还能从中推出什么想法？能从过去找到类似的事物吗？我能模仿什么因素？又该模仿什么人？

"应该加以修改吗？加入新的花样？改变含义、颜色、运动、声音、气味、形式、形状怎么样？还能有什么其他变化？

"应该放大吗？还有什么要补充的吗？要延长时间吗？要加大频率吗？要增加强度、高度、长度、厚度吗？要添加额外的价值吗？要增加更多因素吗？要复制吗？要加倍吗？是否要夸大呢？

"应该缩小吗？该精简些什么？要把这东西变小吗？要浓缩吗？要缩微吗？要降低吗？要缩短吗？要减轻吗？要省略吗？要简化吗？

分成两半呢？运用轻描淡写的方法呢？

"应该选择替代吗？替换成谁呢？替换成什么呢？要运用其他材料吗？其他的动力呢？其他的场所呢？其他的方法呢？要不要换一种语气试一试？

"应该重新排列吗？替换组件？选用其他模式？其他的布局？其他的顺序？调换因果关系？改变速度？改变时间安排？

"应该选择逆转吗？正负转置？选择对立面行不行？前后颠倒？上下颠倒？角色互换？改变立场？改变视角？转变态度？

"应该结合吗？混合如何，铸成合金如何，分类组合如何，组合成一套如何？把单位结合为一？把功效结合为一？把吸引人之处结合为一？把想法结合为一呢？"

人们发现，这个列表对于启动大脑之泵非常有效。一位制造商私下里打印了375份拷贝件，供他的主管们放在办公桌上。邦妮·德里斯科尔（Bonnie Driscoll）讲述了她是如何利用这份问卷的："准备在华尔道夫酒店举办一场时装秀的我，花了将近一个月的时间，试图把所需的想法整理出来，但无奈都以失败告终。然后，我开始拿这份清单上的问题向自己提问。不到两个小时，我就想出了28个点子——在三周都一无所获的情况下，我竟然在两个小时内想出了28个点子。"

当然，这些不同的"猎区"之间并没有明确的界限。例如，通过添加，我们或许可以得出某个创意，结果却发现其价值需要施展在一种新的用途上。匹兹堡平板玻璃公司就遇到了类似的情况，当时，公司在寻找能提升镜子玻璃销量的方法。他们第一个想法便是出售更大的镜子。这是个好主意，可是该往哪里销售呢？他们想出了一种相对较新的用途，并尝试用大镜子来覆盖屋门，结果证明，这就是答案。

罗彻斯特的一名制造商想出了一种借鉴剪刀制造更好用的镊子的方法，他把自己的新产品命名为"镊剪"，将两个常用的名字组合成一个他所独有的新词。

《读者文摘》也是一个将创意层层叠加的范例。第一次世界大战后，美国出版商德威特·华莱士想出了一个点子，把最好的文章浓缩进一小本杂志中，这本杂志发展至今，仅在美国就覆盖了1000万家庭。华莱士接着问自己："如何才能把这种成功翻倍？"就这样，15种外文版便诞生了。

讨论话题

1. 在通过重新排列来寻找新想法时，你会问自己什么问题？

2. 在通过排序的方式考虑其他选择时，我们为什么要问"可否因果互换"这个问题？请加以讨论。

3. 通过反推的方式寻找其他选择时，你会问自己什么问题？

4. 举出 6 个可以通过反转获得创意的例子。

5. 通过组合的方式寻找其他选择时，你会问自己什么问题？

练习

1. 列举可以对电视机进行的 3 种改良。

2. 一位拖家带口的贫困妇女要怎么寻找兼职工作呢？

3. 如果要帮助一位母亲说服孩子收拾房间，你有什么建议？

4. 至少列出 3 种能温柔但有效地在晨间将人们唤醒的设备。

5. 下列哪一种物品最容易引起火灾：钢笔、洋葱、怀表、灯泡、保龄球（此练习由乔伊·保罗·吉尔福德博士提供）。

第二十五章

第一节
团队的创造性协作

在本书剩下的内容中，我们将会讨论如何在与伙伴或团队合作时提高创造力。

如今，绝大多数最好的想法都是由实验室工作人员通过有组织的研究产生的。这种协同努力的方式仅仅在几个世纪前才开始兴起。然而，早期的调查人员都是单独进行工作的。他们大多是业余爱好者，在"科学社团"中进行合作，或者说只是在一起工作而已。1651年，几个意大利人联合起来，并于日后成立了西芒托学院，其辉煌和悠久的历史，都超过了当时的英国皇家学会。

这种松散的组织形式一直存在，直到50年前，我们现在所知的有组织的研究形式才开始出现。在这半个世纪里，这类研究已经成为大多数新思想的源泉。

现代实验室的工作人员基本上都分为不同的小组。例如，在新建的百路驰研究中心，250名工作人员时时刻刻都在努力寻找创意，他们被分成12个专门团队——一支团队负责化学领域的主要步骤，一支团队则负责物理领域的主要阶段，以此类推。每支团队都由大约12名科学家组成，并由一名研究主管领导。

第二节
独立思考仍然必要

尽管有组织的研究取得了进步，但个人的创造力仍然是最重要的。所有伟大研究部门的领导都认同这一真理。通常的做法是，即使是对最年轻的研究人员，也要向其保证，其智力的结晶最终是归功于他自己的。在其他事项上，研究人员需要向组长汇报，但在注册属于自己的创意时，这位研究人员则有权直接找到负责专利事宜的高管谈话。

"如此一来，"霍华德·弗里茨博士表示，"我们就知道谁在什么时候想出了什么创意，但更重要的是，这种体系鼓励每个人在私下里尽其所能，不仅是在工作时间内，在任何时间都要保持创造力。"

对于分布在各地的杜邦公司研究人员，欧内斯特·本格博士阐明了这样一条哲学："除了在个人的脑子里以外，想法不会在别的任何地点诞生……无论怎样与别人讨论或是通过加入团队来为想法添砖加瓦，每个想法仍然是个人大脑的产物，这个事实是不会变的。"

这一个论点，让我们用历史上大名鼎鼎的孤独思想家来加以证实。保罗·德·克鲁伊夫恰到好处地称罗伯特·科赫是一位"对实验的艺术一无所知的孤独探索家"。作为一位拥有强烈创作激情但地位卑微的普通医生，他甚至连实验设备都没有。他孤身一人，不顾妻子的激烈反对，不断努力从一个想法延伸到另一个想法，直到完成为细菌分类的壮举。德·克鲁伊夫写道："请允许我脱帽向科赫致敬，是他，证明了微生物是人类最致命的敌人。"

阿瑟·阿特沃特·肯特可谓是一家单人研究实验室。面对一些大规模公司的竞争，他仍在无线电行业博得头筹。即使在拥有了人手充足的实验室之后，他仍然几乎单枪匹马地设计出了每一款新模型。

有些人因性格原因而最适合独自完成工作，同样，有些人之所以独立完成工作，则是因为工作性质使然。牧师就是这样一个群体。而许多律师也同样要一人完成工作，尤其是在农村。在我的避暑别墅附近的一处乡村，一位当地律师就让我看到他如何凭一己之力打赢了官司。一位女性因谋杀而受审，她的律师把答辩时间定在午前，结束时，街对面的教堂钟声恰好在陪审团的耳边奏起《万古磐石》①。律师认为，那首赞美歌对当事人的无罪释放起到了推动作用。

第三节
两人协作

正如前面的章节所建议的，想要有创意地开展工作，方法之一就是定出一个时间，到某个地方去独自一人聚精会神地工作，或是和某人一起合作。欧文·柏林选择了后者。还在唐人街当服务员的时候，他就想出了一首新歌开头的乐句。他找到热爱音乐的邻居尼克帮忙，两人一起创作了《我的爱人玛丽来自阳光明媚的意大利》(*My Sweet Marie from Sunny Italy*)的词曲，这首热门歌曲也开启了欧文·柏林辉煌的创作生涯。

---

① 基督教中的赞美歌。

与有默契的伙伴协作时，我们中的大多数人都能更好且更有效地进行创意工作，因为合作往往会让我们相互鼓劲，也会开启自动自发的联想之力。关于后一点，托马斯·卡莱尔曾写道："灵感的闪光始于孤独的心灵，唤醒了它在另一颗心灵中的'双胞胎'。"

由两个男性组成的团队在喜剧创作中很常见。两个志趣相投的人为了制造笑声而一起创作，不但能互相感染，还能点燃彼此的火花。一般而言，两人的相互批评并非彼此贬低，因为这些批评通常是发自内心的——差强人意的笑料只能博得微微一笑，而精妙独到的笑料却能逗得队友捧腹大笑。

几乎所有广播和电视的编剧都会在剧本的创作上进行合作。美国喜剧演员鲍勃·霍普（Bob Hope）几乎每周都能收到十几个人提交的创意。从这些材料中，他的首席撰稿人像一位执行编辑那样，从不同的出处选择笑话和场景。在此之后，他便与演员和制片人坐下来，一起进行内容创作。

多年来，好莱坞制片人罗伯特·托尔曼（Robert Tallman）一直会独立进行广播剧的创作，但他现在却承认，如果有志趣相投的伙伴，他便可以创造出更好的作品。"我们尝试了几种合作方式，"托尔曼说，"并从中找到了一种真正可行的途径。"他们选择的方法是一起准备一个故事大纲，也就是一篇"含有开始和结局的梗概"，好让双方都能把握故事的发展方向。在双方讨论完每个场景后，便会分工各自完成台词初稿。

在商业上，一个引擎火星塞和一个减速刹车便可以组成一支优秀的团队——就像孟菲斯的赫尔和多布斯，两人根据连锁快餐店Toddle House 的想法创立了两家大型的快餐店，销售了比世界上任何经销商都多的福特汽车，并为 14 家航空公司供应三餐。亚瑟·鲍姆（Arthur Baum）对这两个性格迥然的伙伴有过这样的描述："吉米·多布斯（Jimmy Dobbs）是一位和蔼可亲、有说服力的推销员。霍勒斯·赫尔（Horace Hull）是位严谨而细致的工程师。多布斯在地板上踱来踱去，把玩着手中的钥匙，酝酿着无穷无尽的想法，会向任何移动的猎物果断开火。赫尔则静静地坐着进行分析和审度。有了测距仪并对距离再三检查之后，他才愿意开枪。"

约翰·温斯洛普·哈蒙德（John Winthrop Hammond）曾经描写过通用电气的一支著名的三人组："这三个人组成了一支团队，名声渗透到了电气领域的每个角落。他们一起发明了一套完整的交流电设备，以'SKC 系统'命名并进行营销，即斯坦利、凯利和切斯尼的首字母。这是一支积极进取的三头同盟，其工作成果极大地促进了交流电的发展。"

由夫妻档组成的创意团队是对夫妻搭档关系的讴歌。在写作领域中，有很多这样的搭档，比如创作了《诺斯夫妇》（*Mr. and Mrs. North*）的洛克里奇夫妇（the Lockridges）以及剧作家戈兹（Goetz）的编剧团队。其他的例子包括著名历史学家查尔斯·奥斯汀·彼尔德（Charles A. Beard）博士及夫人玛丽·里特·比尔德（Mary Ritter Beard）夫人。在以丈夫名字署名的至少十多部历史著作中，两人都有过合作，还作为合著者进行了其他至少五部著作的创作。

在科学研究领域，像居里夫人和她的丈夫这样的夫妻搭档不止一个。大卫·布鲁斯（David Bruce）夫妇便是一支杰出的创造先驱团队。如果没有妻子的帮助，大卫·布鲁斯也就无从想出睡眠病的病因和治疗方法。然而，这位夫人与罗伯特·科赫的夫人形成了多么鲜明的对比啊！后者不断纠缠，试图让丈夫放弃动物解剖的工作，只因这份工作搞得他浑身恶臭，而布鲁斯夫人不仅为丈夫加油打气，还把很多脏累活扛在自己的肩头。

大约在弗莱明医生发现青霉素霉菌后的12年，纳粹将青霉素本可挽救的成千上万英国人送进了坟墓。然而，除了伦敦霍华德·弗洛里（Howard Florey）博士实验室里的少量样本之外，青霉素的存量业已告急。为了快速大规模地投产，弗洛里博士必须在足够的人类实验对象身上证明青霉素的功效。他的医生妻子几乎在一夜之间凭自己的力量完成了这些实验，成功在187名实验对象身上使用了青霉素，而这，也开启了青霉素的大量生产进程，从而在战时立下惊人的功绩。很显然，霍华德·弗洛里和埃塞尔·弗洛里（Ethel Florey）夫妇应该在夫妻名人堂中占有一席之地。

第四节
两人团队的窍门

为确保团队的创造力最大化，每位合作者都应该抽出时间进行单独思考。先合作、再单独、再合作，通过这种方式，两人团队更有可能在创造性思维上斩获最好的收效。

为了说明这一点，让我们考虑一下专科医生和家庭医生组成的团队是如何处理病人咨询的。两位医生先是一起检查症状，共同研究X光片，最终达成一致的诊断结果。他们在合作阶段所需的，主要是判断能力。但是治疗的问题却往往需要动用想象力；在判断思维上，两个人总要强过一个人，但即便如此，这两人也有偶尔在创意上误导对方的危险。

在这种情况下，家庭医生最好对病人说："我们对诊断结果没有异议。至于治疗方法，我和专科医生要再考虑一晚。我们俩会分别专心思考这个问题，看看怎样做才能最快地产生疗效。明天早上我俩会在办公室见面，每个人都能出一份有希望带来满意疗效的想法清单，做一番比较，然后努力综合成一个更好的计划。将我们俩最好的想法结合在一起，或许就能得出答案。明天10点我们在这儿见面，开始进行治疗。"

这个假设的例子表明了一种危险，在团队合作中，一方可能会抑制另一方的创造力。对队友越有信心，你的本能就越可能告诉你："我干吗要这么努力？对方会想出答案来的。"

在为难题寻找答案时，努力的决心是不可或缺的，也就是说，想要让创造力达到最佳状态，我们必须有一种"非做不可"的紧迫感。假如我们在一艘船上被人问道："如果撞到冰山上，你会怎么做？"我们大多数人会回答："我不知道。你会怎么做呢？"但是，假如你正独自一人在船舱里，突然听到了震耳欲聋的撞击声，你从舷窗看到一座冰山，感觉到脚下的地板在不断下沉，生命安危便会在刹那间给予你巨大的驱动力，迫使你非要想出对策不可。而话说回来，如果船舱里有两个人，那么我们可能只是茫然地看着对方，等待对方提出建议。

这种团队合作的危险，可以通过简单的流程来规避。首先，在探索创意的特定阶段，团队的每个成员都应该独自行动，进行头脑风暴。完成这种独自思考之后再度聚首时，两个人会发现，与一直待在一起相比，他们已经积累了更多有价值的备选方案。

有的时候，队友们有意变换角色也是有益的。可以让"甲"当一阵子创造者，"乙"当一阵子评论家，然后再让"乙"进行天马行空的构想，而另一个人则作为评判者。但即使是在这样的角色互换中，我们也要时刻小心，以免过早地作出判断，直到创作的河流畅流之前，我们应该在批评上三思而后行。

最重要的是，队友们应该避免破坏性的争论。这是大卫·维克多（David Victor）提出的。他和赫伯特·利特尔（Herbert Little）同为作家，他们有固定的办公时间，并以合著作品为生。在讨论和确定了某个情节后，两人便会将情节大致写下来。然后，两人便会展开充分的讨论。但是，他们从不争吵。当他们中的谁对某条思路或想法不赞成时，便会立即放弃这个情节，着手思考更好的内容。"如果我们沉浸在争论中，就都会变得固执己见，难以合作。"戴夫·维克多解释说。因此，对于这种常常将尚处萌芽状态的思想扼杀掉的相互批判，他们会有意规避。

讨 论 话 题

1. 在创意项目中进行合作有什么好处？请进行讨论。

2. 在创意合作时要避免哪些危险？请进行讨论。

3. 所谓的"角色互换"有什么好处？请进行讨论。

4. 为什么说即便在合作创意的情况下，独自思考仍然至关重要？请进行讨论。

5. 列举以下领域中因合作而取得成功的团队：舞台和银幕；科学和医学；文学；商业。

练 习

1. 想出六首新歌的歌名。

2. 为一本名为《创意翻倍》的新月刊制定一份专题社论大纲。

3. "体育促进俱乐部"有助于激发当地高中生对体育的兴趣。你会采取什么举措来开办这样一家俱乐部呢？

4. 在田径比赛项目中还可以增加哪些有趣的新项目？

5. 找一位搭档，按照上文列举的问题合作想出更多的问题来。

第二十六章

第一节
小组的创造性协作

陪审制度的成功，证明了十几个人有能力协同做出准确的判断。但是，这毕竟是判断性思维。那么创造性思维怎么样？一支团队能协作产生创意吗？答案是肯定的。如果组织得当，团队的创造力便可以达到非凡的水平。

1939 年，我第一次在公司组织这种集体创意活动。早期的参与者将我们的活动称为"头脑风暴会议"。这个称号很贴切，因为在这种情况下，"头脑风暴"意味着用头脑刮起的风暴解决一个创造性的问题，每位参与者以突击的方式大胆地专攻一个目标。

这样的头脑风暴会议已经在全美举行了几百场，从中产生的所有想法几乎都有价值。偶遇徒劳无功的情况，这通常是出于领导的失败。例如，如果团队的队长拿出无所不知的架势，就会让那些较为胆小的成员不敢开口。此外，如果一位队长允许批评在不知不觉中渗入会议过程，便同样不能充分调动起小组的创意。队长必须始终确保大家对想法进行评判，但不是在头脑风暴期间，而是在结束后。

普通的会议缺乏创造性。这种情况的存在由来已久。即便在莫霍克人和塞内加人 ① 点起篝火进行会谈时，创意的火花也很少，而批

----

① 均为易洛魁联盟中的北美原住民部族。

判的冷水却很多。我们的祖先主要把市政厅会议用来争论，而不是通过会谈引发思考。

根据美国国家新闻俱乐部前主席詹姆斯·L.赖特（James L. Wright）的说法，美国的联邦内阁是好是坏，都取决于其鼓励创意的劲头。"当所有成员都被鼓励就任何国家问题发表意见，当所有成员都不被局限于自己任职的农业或内政部门等特定部门时，总统的内阁就处于最佳状态。"赖特这样总结。

然而，内阁要决定的事情太多了，因此必须把注意力集中在判断性思维上，几乎无从激发新的想法，而相比之下，头脑风暴小组却将创造性思维作为唯一的关注点。在美国政府中，唯一一支永设而公开的创意思维委员会，便是艾森豪威尔将军于1947年5月创立的"高级研究小组"（Advanced Study Group）。

分配给这些年轻军官的唯一任务便是对未来的战争进行设想并据此提出建议。艾森豪威尔将军规定，这群人必须"脱离当今所有实际和世俗的事物"。根据《陆海空军杂志》编辑的说法："这是历史上唯一一个纯粹以思考作为目标的陆海空三军单位。"

第二节
团队协作，事半功倍

合作构思会产生大量的创意，这一点毋庸置疑。我们的一支小组在一个月内举行了7次头脑风暴会议。一次会议为一个家电客户提出了45条建议，另一次为筹款活动提出了56条建议，还有一次则就如何销售更多毛毯提出了 124 条建议。在针对另一位客户时，我们将 150 名员工分成 15 支不同的小组，对同一个问题进行头脑风暴。这次活动产生了 800 多个创意，其中 177 个以具体建议的形式提交。

一组来自金刚砂公司（Carborundum Company）的工程师参与了一门关于创造力的课程，之后又接受了对于团队和个人创造力的测试。测试选用的问题，是让参与者为某种没有充分使用的制造设备想出额外的用途。

20 名工程师被分成两组。其中一组针对问题进行协作创意，另一组的成员则单独提出建议而不进行小组讨论。经过科学分析，研究结果显示，"头脑风暴"的方式比单独思考的方式多产生了 44% 有价值的想法。

除了产生海量的想法，这种协作的方式也能让参与者受益。对于这些参与者而言，不想获得创造力都不行。他们亲眼见证，只要愿意，创意的火花就可以产生。他们仿佛经过了一次洗礼，养成了一种对事业和私人生活都有帮助的习惯。

小组头脑风暴之所以高效，原因有几重。首先，联想的力量是双向的。当一个小组成员滔滔不绝地说出一个想法时，便十有八九会不由自主地激发起自己的想象力，从而想到另一个想法。与此同时，他的想法也能激发别人对于所有其他创意的联想。弗雷德·夏普（Fred Sharp）是这样描述这种感染力的："一旦真正开始头脑风暴，一个人的灵感火花便会像一串鞭炮一样点燃其他人的诸多精彩创意。"另一个人则将这种现象称为"连锁反应"。

社会促进 ① 是一个已经被科学实验证明的原理。测试表明，对

---

① 也译为社会助长，指人们在完成任务时，观察者或竞争者的在场会使人拿出优于独处时的表现。

于成年人来说，集体活动中进行的"自由联想"要比独自一人时多出 65% 至 93%。史蒂文斯研究所的人类工程实验室也证实了这一事实。中心主任约翰逊·奥康纳（Johnson O 'Connor）表示，在群体中，男女性的创造性想象力均会变得更加丰富。

竞争产生的刺激效应，是集体头脑风暴高效的另一个原因。早在 1897 年，心理学实验就表明了在比赛中当标兵的力量。心理学家后来证明，竞争能够使成人或儿童的脑力提高至少 50%。这种促进对于创造的作用要比其他几乎所有脑力劳动都要显著，因为，努力对于真正的创造力的影响更大。

第三节
团队创意指南

在创意会议中，某些规则需要得到在场所有人的理解和严格遵循，否则成效就会大打折扣。以下是四个基本要素：

（1）批判性的决定要被禁止。对创意的批评必须留到会后再表达。

（2）鼓励"自由畅想"。想法越疯狂越好。相比于压抑创想，自由畅想更加难能可贵。

（3）数量越多越好。想法的数量越多，产生好想法的可能性就越大。

（4）寻求结合和改善。除了提供自己的想法外，参与者也应该建议如何改善他人的想法，或者如何将两个或以上的想法结合成另一个新想法。

以上便是总体的指南。团队领导者应该用自己的话加以表述，因为头脑风暴活动应一直保持一种不拘的随意感。一位领导者是这样为团队成员解释第一条规则的：

"如果试图同时从一个水龙头里接到热水和冷水，那么你只会得到温水。如果试图在批评的同时进行创造，就既不能给出足够冷的批评，也不能产生足够热的创意。因此，让我们只专注于创意本身，也就是说，让我们在这次会议中把所有的批评都排除掉。"

一些无可救药的批评者仍然会无视这一规则，贬低其他人的建议。首先，应该对这位违规者进行善意的警告，如果对方一意孤行，就应该予以坚决制止。在我们的一次会议上，曾有个人不断地发表批评意见，于是团队领导便斥责他说："要么开动脑筋，要么把嘴闭上！"

私下分成几个小组是另一种危险之举，同样地，这也需要通过纪律进行规范。团队领导必须确保会议始终是全员一体的，所有的人都要一起动脑。

唯一应该严守的正式规范，应该是对所有提出的想法进行书面记录。这个列表的形式应该偏向于总结报告，而不同于速记。这些想法有时会出现得如此突然，即使是速记专家也很难逐字记录下来。团队领导应该确保所有成员在会后都能收到列表的副本，也可以组织从这些建议中受益的人发送感谢信。

头脑风暴会议的精神很重要。自我鼓励几乎和相互鼓励一样重要。完美主义情结会扼制干劲，扼杀想法。在一次会议中，一位能力最强的成员一直缄口不语。会后，我特地找他长谈，请他在我们的下次会议上畅所欲言，想到什么就尽管讲。

"好吧，我努力试试，"他说，"但事情是这样的。在我们上次会议之后，我草草记下了15个想法，希望下次会议时能提出来。但看了一遍之后，我又觉得它们毫无价值，所以就把清单直接给撕了。"

"每当我能让头脑风暴团队感到大伙儿是在玩乐时，我们就能取得进展。"我们的一位最成功的团队领导说，"每一场会议都应该是一场充满竞争的游戏，但同时也要整体保持友好的氛围。"在将努力尝试和放松心情这矛盾的二者并举时，我们能想出更多的创意来。营造一种类似野餐的气氛不失为一个好办法。我们的一些最有成效的会议就是办公室的三明治午餐会。会议在人们喝完咖啡、吃完甜点后展开，我们制定小组规则，然后进行问题的分配。各种创见随之而来。无论是愚蠢还是绝妙，每个想法都会被记录下来。

第四节
主题和人员

至于哪些主题最适合通过协作的头脑风暴来解决，首要原则在于，这个问题应该是具体的，而不是泛泛的，也就是说，这个问题应该缩小范围，以便小组成员把想法集中在一个目标上。

一位制造商想要为新产品的名称、包装和简介寻找创意。在为这个涵盖了多个层面的问题进行头脑风暴的时候，我们犯了一个错误。在会议开始后不久，我们中的一个人提出了几个名字。我们刚刚开始在名字上渐入佳境时，又有人提出了一个关于包装的创意。还未沿着这条思路积累足够的势头，就又有人将大家的注意力转到了营销理念上，结果这次会议收效甚微。我们决定，以后再也不在单场会议中处理包括多个方面的问题了，而是要将问题分解，用每场会议专攻一个具体的方面。

同样地，需要用铅笔和纸解决问题的头脑风暴会议也可能会以失败告终。我们错选了一支头脑风暴小组，让他们就某个话题创作广告歌，但团队领导却无法刺激大家进行灵感上的"交锋"，因为大家都因太过紧张，而无法安静地思考并将创意写出来。若是让每个人独立创作的话，他们会创作出更多更好的广告曲来。

如果某个话题既简单又具有话题性，并为大家所熟知那就再好不过了。我们就一家新药店的开幕征求了大家的建议。在 90 分钟的时间里，10 个人共想出了 87 个点子——其中很多毫无价值，一部分可圈可点，还有少数绝对堪称绝妙。

在谈到任何形式的会议时，利欧·内杰尔斯基（Leo Nejelski）都会表示："如果缺乏对问题的明确表述，会议就会变得漫无目的。阐明会议的目标就等于建立了一个框架，如此一来，所有思想都可以在框架中找到方向。"

与判断性会议相比，在创意性会议开始时进行的声明或许要简短得多。事实是构建判断的实体，但在创造性思维中，事实则大多作为跳板。太多的事实会扼杀集体头脑风暴所需的自发性。在对想法进行评估时，可以稍后再进行事实上的验证。

至于头脑风暴小组的规模，理想的数字是在 5 人到 10 人之间。至于参与者的思想水平，则没有任何规定，因为由新手组成的团队可以做得很好，而新手与老手混搭的团队也可以做得不错。这些会议可以是全男、全女或男女混合的。如果团队中有几个自动自发的人，通常会有助益，在问题被提出的那一刻，他们就应该开始开动脑筋了。

一旦会议渐入佳境，这些人也应该谨慎避免主导会议。

小组成员中最难对付的，可能是那些太过习惯非创造性普通会议的高管们。这一点，是我在组织了 10 位社区商业领袖就公民问题进行头脑风暴时发现的。即便在经历了前 10 次的训练之后，他们中的一些人仍然不能在我们的午餐会议上做到畅所欲言。其中一位成员是一家大公司的副总裁。在参与讨论时，他对我说：

"你的做法让我很难适应。15 年来，我在公司开了一次又一次的会议，这让我养成了不随意畅所欲言的习惯。我们公司几乎所有的官员都以判断的方式相互评价，相比于那些能提出很多想法的人，我们更倾向于尊敬那些不犯错的人。因此我总会克制自己，不让自己说出任何可能引来嘲笑的建议。我希望我们的员工也能像我们在头脑风暴会议中那样自由地分享自己的想法。"

只要有正确的领导，几乎任何规模的小组或任何类型的人员都可以在创造力上卓有成效。让·林德劳布（Jean Rindlaub）夫人筹划并成功地举办了几场头脑风暴会议，参与的年轻女性多达 150 名。林德劳布在这些会议中采用了一种让人无所顾虑的匿名发表建议的模式，营造出一种自由轻松的不拘气氛，并制定了推动想法迅速产生的速度和节奏。就像在小型头脑风暴小组中一样，领导者必须对问题进行归纳浓缩。参与者必须严格遵守基本原则，尤其是禁止批评。每个想法都必须记录下来。

在集体头脑风暴中，最好先由领导者提出一些想法，促发小组成员的思想。林德劳布夫人以这样的开场白为一次会议开了头："今天的问题很简单，是关于金吉达小姐①这个角色的。大家都在收音机

---

① 金吉达香蕉的公司吉祥物。——译者注

的音乐广告中听过她的声音，也或许在短片中见过她。我们怎样才能让金吉达小姐更加出名呢？我们应该在时代广场通过灯光把她的动画形象展示出来吗？还是把她印在餐车里的菜单上？或者说，大家还有什么建议？"根据这个问题，林德劳布夫人的大规模团队在40分钟内提出了100多个点子。

第五节
集体思维的应用

我们没有理由将集体头脑风暴局限于商业领域。同样的方法还可以应用于科学问题，麻省理工学院的"自由畅想"会议就是这样做的。另外，这个方法也可以用于解决个人或家庭问题。

我们的一位头脑风暴领袖和他的父母以及五个未婚的兄弟住在一起。他们家的人脾气暴躁，容易发生口角。他鼓起勇气组织了一支创意团队，成员包括他的父母、兄弟和他自己。大家定期开会，每次会议解决一个家庭问题。"我们的一些想法真的起了效果，让家庭变得更加和睦，"他报告说，"没想到的是，大家都很享受这些会议。"

俱乐部等团体也可以偶尔花一个晚上来进行这种创意活动。大卫·比托（David Beetle）是一家户外俱乐部的主席。俱乐部的工作人员总在筹划如何进行户外远足，但他却决定将所有会员分成10个小组来想点子。要问结果如何？比托先生是这样回答的："我们比以前想出了更多更好的计划。这10支团队也非常享受这个过程，他们通过调动想象力获得的收益就更不用提了。"

芝加哥有一名叫塞缪尔·斯塔尔（Samuel Starr）的律师，他经验丰富，曾经处理过 3000 多起离婚案件，他创立了一支名叫"离婚匿名会"的团体，这是一支由离婚人士组成的小组，大家齐聚一堂，调动创意，与他一起思考如何引导夫妻远离婚姻中的礁石。据《芝加哥每日新闻》报道，这家"诊疗小组"每天至少能够挽救一桩婚姻。

集体头脑风暴的可行用途几乎无穷无尽的，即便在公共事务中也能运用。例如，美国驻巴西的大使就可以组织一支由 5 名巴西人和 5 名美国人组成的头脑风暴小组，每个月同他会晤一次，就如何改善巴西和美国关系提出意见。在外交事务上，能让人们集中进行创意思考的类似机会还有好几百个。

想要赢得战争，我们就需要新的思想。想要赢得和平，需要的新思想不仅要更好，而且要更多。

1. 集体头脑风暴的基本规则是什么？

2. 一个成功的头脑风暴会议最重要的规则是什么？为什么这么说？

3. "社会促进"是什么，又如何以及为何能引发创意？请加以讨论。

4. 什么类型的主题最适合集体头脑风暴？请加以探讨。

5. 集体头脑风暴的方法还有什么其他用途呢？

练习

1. 想出 3 个让《美国之音》有效打动铁幕后的观众的主题。

2. 如果真的有"飞碟"，如果它们真的来自火星，那么，我们可以将它们运用在哪些"有利的"用途上呢？请列举出 3 种来。

3. "一个人的母亲有问题，或许是他不幸；但妻子有问题，就是他自己的错误了。"想出 3 个类似的关于家庭关系的警句。(此问题由《伦敦观察家报》提供。)

4. 我们可以通过哪 3 种方式改善毕业典礼？

5. 提出至少 3 个想法，让这本书中的课程内容更加精彩。